家庭料理妙招大全

甘智荣　编著

天津出版传媒集团

天津科技翻译出版有限公司

图书在版编目（CIP）数据

家庭料理妙招大全 / 甘智荣编著. — 天津 : 天津科技翻译出版有限公司, 2020.5
ISBN 978-7-5433-3955-2

Ⅰ. ①家… Ⅱ. ①甘… Ⅲ. ①家常菜肴—菜谱 Ⅳ. ① TS972.127

中国版本图书馆 CIP 数据核字 (2019) 第 158200 号

家庭料理妙招大全

JIATING LIAOLI MIAOZHAO DAQUAN

甘智荣　编著

出　　版：天津科技翻译出版有限公司
出 版 人：刘子媛
地　　址：天津市南开区白堤路 244 号
邮政编码：300192
电　　话：（022）87894896
传　　真：（022）87895650
网　　址：www.tsttpc.com
印　　厂：深圳市雅佳图印刷有限公司
发　　行：全国新华书店
版本记录：711mm×1016mm　16 开本　13 印张　120 千字
2020 年 5 月第 1 版　2020 年 5 月第 1 次印刷
定价：45.00 元

Contents 目 录

第一章 打造全能厨房，为你的厨艺加分

厨房电器一览

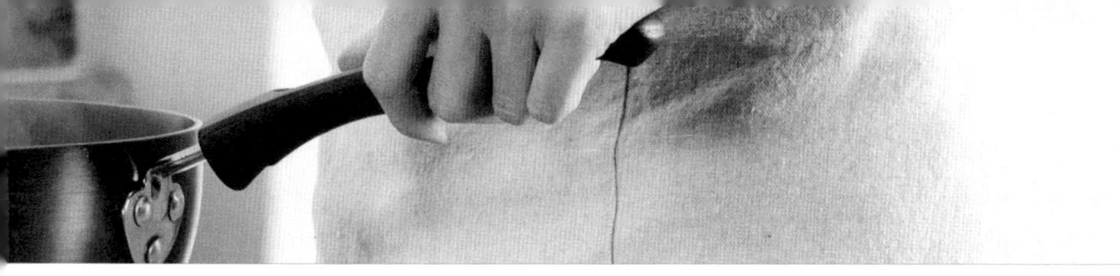

第二章 **归纳烹饪方法和技巧，拥有完美厨艺不是梦**

第三章

精选食材和调味料，是成就美味的关键

第一章

打造全能厨房，为你的厨艺加分

在厨房里，厨具和厨电是必备品。厨具，如刀具可以切肉、切菜，锅类可以烹饪出不同味道、口感的菜肴；厨电，如电饭锅可以煮出香喷喷的米饭，微波炉可以加热饭菜……如果没有这些“神器”，我们怎么会烹饪出可口的菜肴？本章首先为你介绍厨房分区及装修小知识，接下来详细介绍厨具、厨电的用法和注意事项，助力你打造全能厨房，为你带来美味与健康！

打造厨房“三步曲”

第一步：划分区域

在划分区域之前，首先需要分析一下你的烹饪流程：购买食材、清洗食材、切配准备、烹饪、装盘上桌、清洗餐具并收纳，然后来安排你的厨房区域。

水槽要设置在厨房明亮的地方，水槽下面的柜子里可放置洗菜盆和洗碗布等清洁用具，一些无害的清洁剂也可以放在这个柜子里。但如果家里有学步的孩子，放置清洁剂的柜子就需要加锁，或者暂时将清洁剂放在水槽上面孩子够不到的地方。

水槽和灶台相邻，这一段区域要有足够多的空台面放置清洗好的食材，并且要留出切配装空间，实在不够的话，可以配置流动料理桌。

清洁好的餐具可以放在灶台和水槽之间的柜子里，烧好菜之后，可以直接取用装盘，方便且高效。还未装修的厨房，如能安装立式碗架，将常用的碗进行收纳，取用起来会比较方便；已经装修好的厨房，则可以购置一些防震碗架，将碗按大小分类，既安全又方便。

第二步：选购

厨房不会变大，一个井井有条的厨房只能容纳那些必须要有的东西，所以在购买所有厨房用具之前，最好先想好把它放在哪里，而这个地方不会用来做别的用途，随意堆叠在一起的物品使用起来很不方便，所以才会发生买了很多东西，但用的时候总是找不到，然后又重新去购买的尴尬事情。虽然大部分厨房用品和食材花费不多，但长期累积下来也是一笔不小的浪费。

制作购物清单和购买之前要在厨房里查看一下，

不要打“无准备之仗”。平时逛超市的时候不要随意购买食材和餐厨用品；网店里购买的东西最好在支付前暂缓一下，过几个小时或第二天再思考一下是不是一定要买，有些订单在热情过后是可以取消的。这样不仅能保证你的厨房整洁漂亮，还能让你的身材保持苗条。如果厨房里堆满各种零食和食材，你就会按捺不住大吃起来，而后需要花时间和精力去减肥，从而进入恶性循环。

第三步：使用

整理好厨房之后，还应该定品定位。将食材放进收纳盒和收纳篮，将各种零散的小东西也随手收进盒子里，开封后的食材立刻放进透明收纳罐，再放进抽屉存放。抽屉用分格的方式确定好之后，记得贴上醒目的标签。因为使用厨房的不只你一个人，贴好标签，所有家人都按照标签来定位，就会方便得多，也不会产生那种“我才收拾好你又弄乱了”的矛盾。刚开始可能会有些不习惯，但只要经过一周时间，大家都会喜欢在一个整洁有条理的厨房里烹饪的。

需要整理的清单如下：

1.丢掉所有已过保质期的食物。

2.把即将过期的食物拿出来放在一个筐子里，在最近几天使用。

3.处理那些已经半年以上没有使用的杂物，有收藏价值的装在盒子里并贴上标签，没有收藏价值的果断丢弃。

4.将不会在厨房里使用的物品放到其他地方。

5.用湿布擦拭那些很久没有清洁过的橱柜，等风干之后将各种物品按照分区进行重新归置。

6.彻底搬动橱柜里的东西并清理，每年最少进行一次。在这个过程中，你能体会到“收获宝藏”般的乐趣，因为总有“遗珠”在角落里。

厨房装修小贴士

厨房瓷砖

厨房的色调以自然色系为宜，太亮会造成视觉上的疲劳，太暗则不利于操作。地面的瓷砖要注意防滑。

厨房吊顶

厨房的顶面、墙面宜选用防火、抗热、易于清洗的材料。厨房的油烟附着力很强，烹调时又会产生大量的蒸汽，不容易擦洗，容易生锈变色的材质会让你的厨房显得很陈旧，难以打理。

厨房收纳

1.相同功能的物品尽可能归类摆放，这样找起来比较容易。

2.一次不要购买太多，要根据保质期的长短来考量囤货的数量，现在购物很方便，即买即用。过多囤积的物品最终会被浪费。

3.收纳篮和收纳筐可以很好地将物品进行归类，归类之后贴上标签，这样当别人收拾时也能按照同一个分类来收纳。购买收纳篮和收纳筐时，要参考家中橱柜和抽屉的尺寸。

4.刀具、筷子、调味品和砧板可用组合挂篮统一摆放，使用方便，厨房的空间也会得到充分利用。

油烟问题

抽油烟机的高度以使用者身高为准，而抽油烟机吸气口与灶台的距离不宜超过60厘米。先安装抽油烟机最容易产生麻烦，所以最好和橱柜同时安装。选购抽油烟机时，中式的尤其是罩体比较深的比欧式的吸力更强。抽油烟机一定要靠墙装，这样效果会更好。

照明分区

厨房灯光需分成两个区域：一个是对整个厨房的照明，一个是对洗涤、准备、操作的照明。

电器插座

要给厨房各种电器安排或预留出安放之地，并在适当的位置安排电源插座。防火、耐热是厨房装修选材必须考虑的安全因素。千万不可将电源插座随意置于没经过防火处理的木质橱柜上，以免短路打火而发生危险。厨房里电饭锅、烤箱、电热水壶、电冰箱、抽油烟机、热水器的插座是必备的，一定要预先留好，然后注意为面包机、洗碗机、消毒柜、果汁机等留出插座和空间。

厨房垃圾处理

厨房里垃圾量较大，气味也大，垃圾桶应该有盖子，并且放置在方便倾倒又隐蔽的地方。门板式的垃圾桶和台面垃圾桶会很臭，虽然美观，但是使用起来并不方便。如果有条件的话，例如所居住的小区实行了垃圾分类，应该安置干湿两个垃圾桶，湿的放在外面，干的可以放在水槽下面的柜门里。

厨房煤气

不要移动煤气表，煤气罐不得做暗管，热水器的位置要经过通盘考虑。最常使用的是厨房和浴室（少数），如果均使用煤气，这两处不要离煤气表太远。

厨房里的植物角落

在厨房里种一些小型的植物，不仅可以美化环境、改善空气质量，而且如果这些植物可食用的话，有时还能给你的餐桌增加更多的乐趣。

西式香草

小盆的薄荷、迷迭香比较适合放在厨房，买几盆放在窗台上，既能散发出迷人的香气，还能用来做菜。薄荷的叶子，越掐长得越多，做好的菜装盘之后放几朵来装饰，即使是一般菜品也会显得文艺又清新。

豆芽

用一次性的餐盒来种豆芽最合适不过，而且据说还能辨别出是不是转基因豆类，因为转基因的豆类是不能发芽的。

菜头、萝卜苗

大白菜的菜头、带叶的萝卜头不要扔掉，用一只盘子装些水种上，会长出漂亮的叶子来，虽然没有食用价值，但那种蓬勃的生命力会让人觉得天空晴朗、希望无限。

不过，种植角落要及时清理，不能变成厨房的卫生死角，尤其是夏天，一不留神就会成为蚊子的生长“天堂”，那可就不妙了。

厨房清洁小贴士

1.每周最少清洁厨房一次。

2.每月彻底清洁抽油烟机一次，并检查烟道是否畅通。

3.厨房的地面用专门的拖把每天清洁一次。不然厨房里的油腻物会被带进客厅，影响卫生。

4.水槽每天清理，清洗过油腻的食物以后用洗洁精清洗一次。用柚子皮煮水用来清洗有不错的护理效果。

5.市面上销售的厨房去油湿巾比较有效，但使用时一定要戴手套，之后最好用湿布再擦拭一下。

6.清洁不锈钢表面用干湿两块布，一手一块，湿布擦完后用干布迅速抛光，效果显著。

7.灶台和水槽要及时清理，趁热的时候将污垢用湿布擦掉很容易，一旦冷却油脂凝固，就事倍功半了。

厨房用具一览

菜刀

选一把好菜刀

菜刀是生活中的必需品，家家户户做饭都要使用菜刀。市场上卖的菜刀质量参差不齐，因此我们在选择的时候常有困惑，下面为大家介绍如何选购一把得心应手的好菜刀。

1.刀刃要锋利、平直、无缺口。选购时可以直接在刀身上用手指弹一下，然后听菜刀发出的声音。声音清脆、悦耳、好听、持久的刀一定是好钢；反过来说，敲起来像石头一样，钢材肯定要差一些。同时观察刀口，好的菜刀刀口越磨越亮，锋利无比。

2.刀柄设计要人性化，拿握舒适。将菜刀拿在手里上下挥动，好的菜刀受力均匀，不会有“头重脚轻”的感觉。

3.刀柄要有防滑设计，不会脱手伤及使用者。

清洁菜刀有妙招

菜刀表面生锈了会影响使用效果，这时不妨用新鲜的萝卜片或土豆片蘸上少许细沙来擦拭菜刀，也可以用切开的葱头来擦拭表面的锈迹，这几个办法都可以使斑斑铁锈褪去无痕。

还有一个办法，就是菜刀在使用过后，马上浸入淘米水里，这样既能防止刀面生锈，又能除去原有的锈迹。磨过的菜刀更容易生锈，所以菜刀磨过之后最好洗净抹干，在菜刀两面涂抹一层猪油，直立在通风处晾干，就不会再生锈了。

菜刀沾上腥味怎么办

菜刀切了鱼、海鲜这类食材后，刀面上往往会留下令人讨厌的腥臭味，很难除掉。下面介绍三种去腥小技巧。

1.用淘米水浸泡：淘米水里的淀粉和发出异味的物质发生化学反应，可以有效去掉异味。

2.用生姜涂擦刀的表面，然后用清水洗掉，这样去腥效果很好。因为姜汁不仅可以去腥味，而且还可以防止菜刀生锈，擦过之后立显神奇效果。

3.先用精盐擦一擦，然后用清水冲洗后放到火上烘烤片刻，也可去除菜刀上的腥味。

安全使用刀具

首先，使用刀具时注意力要集中，不用刀具比画、打闹，更不能拿着刀具相互开玩笑，以免误伤别人或自己。

其次，刀具不使用时要妥善放置，放在安全稳妥的地方，不要使刀具的尖和刃部暴露在外，以防止刀具被碰落而伤人或者有人不慎触碰而受伤。

菜刀的保养

菜刀的锋利与否对烹调有影响，钝的菜刀不但切菜难，而且切出来的肉、菜效果不好，从而会影响菜品的味道，因此我们要选定时间对菜刀加以保养。

1.将磨刀石泡在水里吸水20分钟左右。

2.将磨刀石放在塑胶质的磨刀石固定器上，置于水平处。

3.把菜刀的刀刃挪到面前，将整个刀刃放在磨刀石的对角线上。

4.右手握住菜刀刀柄，拇指压住刀刃；左手的示指、中指和无名指要轻轻托住

刀刃的中央。

5.磨刀石和刀刃的角度要保持在15°左右，从靠近身体的地方往前磨过去。从对面移回面前时，要有规律地翻面，不要用力。

6.检查研磨的状况，用手指摸摸刀刃的表面，假如感觉到有凹凸不平的毛边形成，就表示磨好了。

7.将刀刃翻面，刀刃放在面前，以同样方式研磨。

如果菜刀长时间不用，可以在菜刀表面抹一层食用油，这样能够隔绝空气，起到防锈的作用。

锅具

厨房锅具的分类

1.按功能分为压力锅、煎锅、炒锅、汤锅、蒸锅、奶锅等。

2.按材质分为不锈钢锅、铁锅、铝锅、砂锅、铜锅、搪瓷锅、不粘锅、复合材质锅等。

3.按手柄个数分为单耳锅和双耳锅。

4.按锅底形状分为平底锅和圆底锅。

压力锅选购注意事项

1.应选购具有限压装置、安全压力保护装置和开合盖压力保护装置的压力锅。市场上的老式无开合盖压力保护装置的压力锅已经被淘汰，是不符合目前国家标准的。

2.应根据需要进行选购。铝合金压力锅导热快，受热均匀；不锈钢压力锅美观、光洁、耐磨，但导热较慢，受热集中，容易煳底。目前有些不锈钢压力锅增加了复合底，改善了性能。

3.应注意压力锅的外观质量。一些个体商贩生产的压力锅做工粗糙，锅体边缘有毛刺，建议消费者到大商场购买大厂家的产品。购买时还要注意检查产品是否有商标、厂名、厂址。

4.压力锅随着使用年限的延长，其整体强度也将下降。按照国家有关规定，压力锅最高使用年限为8年，凡超期使用的压力锅均为不安全压力锅，必须更换。

不锈钢锅选购注意事项

1.不锈钢锅的好坏关键在锅底，三层复合底的铝层厚度分布要均匀。有的三层复合结构不锈钢锅铝层厚度分布不均匀，如两边薄、中间厚等，这样会导致锅底导热不均匀。

2.锅盖结构设计要合理，密封性要好。微凸锅盖设计能让水分自然循环，密封

性好，使热量不易流失。

3.手柄要不烫手，因为易烫手的手柄易老化。

铁锅选购注意事项

1.查看有无疵点。疵点主要指小凸起和小凹坑两类。小凸起的凸起部分一般是铁，对锅的质量影响不大。如果凸起在锅的凹面时，可用砂轮磨去，以免挡住锅铲。小凹坑比较复杂，对锅的质量危害较大，购买时要注意查看。

2.锅底触火部位俗称“锅屁股”，“锅屁股”大者不好，因其传热慢，费火、费时。

3.锅有厚薄之分，以薄为好。购买时可将锅底朝天，用手指顶住锅凹面中心，用硬物敲击。锅声越响、手感震动越大者越好。

4.铸铁平底锅因多用来“煎”“烙”，不需大火，故锅底厚一些为好，重量也可以重一些。

砂锅选购注意事项

1.从材质上看：砂锅一般都是陶瓷材质，好的砂锅的颜色多呈白色，表面的釉质量高，并均匀有亮度。

2.从结构上看：看是否结构合理，是否有裂痕和明显的砂粒。可以将锅盖转动，如果有平滑的摩擦感，则说明锅盖与锅身贴合比较紧。

3.从锅底上看：建议选择锅底小的砂锅，因为传热快，并能很好地节能和节省时间。尽量选择锅体比较薄的砂锅。

4.从声音上看：可把锅底朝上，用手指顶在中间，用硬物轻轻敲，锅身越响、手指震动越大，说明砂锅越好。

5.一定要根据需要选择：煎药不需要使用太好的砂锅；用来煲汤或炖食物的砂锅，要求比较高，建议选择质量好的白色砂锅。

餐具

餐具存放

1.清洗完餐具后，应先将餐具放在通风、干燥的地方晾干，然后再放入橱柜中，避免细菌的滋生。

2.在橱柜中，餐具可以按照类别和大小来划分摆放区域，以提高空间使用率。

让餐具间留有一定的空间不但有利于空气流通，也方便取放。

3.长期不用的餐具最好收起来，以免沾染灰尘。存放前先彻底清洗一遍，放在通风有阳光的地方晾晒好以后，再按照类别和形状放到置物箱中。置物箱中的角落里放一小包用纱布装好的晒干的茶叶能很好地解决异味问题。

4.那些聚餐或过节才用得上的大盘子，可以单独用大的信封袋装好，竖着码放在橱柜的最下层，不仅节省空间、干净卫生，还能起到防震作用，不易破碎。

5.成套的餐具最好放在一起，如咖啡杯与碟子、茶杯与茶勺等常常配套使用的物品最好存放在一起，使用的时候会很方便。

餐具清洗忌用洗衣粉

洗衣粉的主要成分是烷基苯磺酸钠，对人的皮肤和黏膜有一定的刺激作用。如果这种物质附着在没有冲洗干净的餐具上并进入人体，在酸碱不同的环境中会生成有害物质，对人体脏器造成伤害，导致腹泻、消化不良等情况的发生。因此，清洗餐具时要选用相应的清洁剂，千万不要使用洗衣粉。

餐具消毒

1.高温消毒。用沸水煮烫或水蒸气熏蒸的方法能够将绝大部分的细菌消灭，但是塑料餐具不宜用高温消毒的方法。

2.微波消毒。用微波炉高火旋转8~10分钟可以起到消毒作用，但切忌空转，在餐具内要盛放少量水。

3.消毒碗柜消毒。消毒柜是通过紫外线、远红外线、高温、臭氧等方式，给食具、餐具、毛巾、衣物等物品进行杀菌消毒的。

抹布

厨房是油污容易堆积的地方，抹布的使用频率很高，平常要养成用完就立即清洗的好习惯。抹布长时间使用会有异味，此时可以用肥皂水煮一下，再用清水冲洗干净后晾干。

铝制品

铝制品在空气中极易被氧化，如果铝锅、铝盆或者其他铝制品长期不用，应该

先将它们清洗干净并擦干，然后在表面涂上一层植物油，并放置到通风干燥的地方，这样便能有效延长铝制品的使用寿命。

塑料容器

塑料盒中尽量不要盛放高温食物，因为塑料在高温下容易产生有毒物质，会对人体健康造成危害。塑料容器的隔温效果也不好，受到光照或太阳直射都会使盒内的温度升高，使存放其中的物品产生异味或变质，尤其是食物。

砧板

如何挑选砧板

挑选一块合适的砧板，要考虑材质、大小、形状等多个方面。对于一块好砧板来说，材质是最主要的，最常见的砧板材质有木质、竹质、复合材料、玻璃等。下面介绍一下它们各自的优劣之处。

1.木质砧板：木质砧板如今仍是大多数中国家庭厨房里的必备品，许多人喜欢在木质砧板上使用刀时的沉实感觉，以及对刀刃的保护作用。但木质砧板吸水性

强，不及时风干的话容易发霉；受干湿变化影响大，容易开裂；用久了的木质砧板的切痕容易积蓄污垢。

2.竹质砧板：竹质砧板硬度大，不容易开裂或掉渣，但在使用时刀感不好，容易损伤刀刃，尤其是韧性不高的日本刀。与木质砧板相比，竹质砧板易清洗和风干，不容易发霉。但需要注意的是，拼接而成的竹质砧板会有较多缝隙，容易滋生细菌，且使用时经不起重击。

3.塑料砧板：塑料砧板一般都采用聚乙烯塑料、聚丙烯塑料等材质。塑料砧板价格低、轻便、清洗方便，但缺点是使用后会有明显的刀痕，容易掉渣，不耐高温，容易变形。

4.玻璃砧板：玻璃砧板的优点是好清洗，易保养，不易滋生细菌，不存在掉屑等烦恼。缺点是易碎，使用时刀感极差，是对刀刃损伤最大的一种砧板。

砧板的清洁和保养

1.不论是哪种材质的砧板，烹饪使用后都要及时清洗干净，置于通风阴凉处，让其风干，千万不能暴晒。

2.买回来的木质砧板需要用浓盐水浸泡1~2天，这样处理后的木质砧板更坚固，不容易开裂，且干净耐用。盐水浸入砧板里还可以起到杀菌消毒的作用。

3.木质砧板不宜用清洁剂清洗，因为清洁剂会渗入木材内，长期使用会导致木材霉烂，用其处理食物不卫生。

4.若砧板发出鱼腥味或其他异味，则可用柠檬和粗盐一同洗刷；若砧板处理过油脂重的食物，可用热水不断洗刷。

5.每次使用后要用热水把砧板上的食物残渣刷洗干净，并放置在通风处晾干，适当的紫外线照射能防止细菌的滋生或遭虫蛀蚀。

6.当砧板出现大的裂痕或呈现黑点时，就应该弃掉了。如果出现蛀虫现象也应该立即丢弃，不能继续使用了。

不锈钢餐具

不锈钢餐具的材质及特点

家庭用的不锈钢餐具可分为430、18-8（304）、18-10三个型号。201不能作为餐具使用。

1.430不锈钢：可以防止自然因素所造成的氧化，但无法抵抗空气中的化学物质所造成的氧化。

2.18-8不锈钢：铁+18%铬+8%镍，可以抗化学性的氧化，这种不锈钢在JIS代号中为304号，因此又称为304不锈钢。

3.18-10不锈钢：有些用品会用10%的镍制作，以使其更耐用、更抗蚀，这种不锈钢即是18-10不锈钢。

不锈钢厨具的使用和保养

1.不锈钢具有散热慢的特点，因此烧煮时不宜用大火，而且尽量让锅的底部受热均匀，避免烧焦。

2.使用时避免尖硬物的碰撞，否则会使厨具表面留下刮痕或凹陷，影响美观，甚至会出现不平稳的情况。

3.不锈钢餐具不易破碎，使用方便，还易保养，很多人认为它结实耐用，所以使用和清洗的时候不太注意方式方法，结果导致人为的损坏。比如用钢丝球清洁，导致餐具表面留下划痕；还有的用强碱性或强氧化性的化学药剂，如苏打、漂白粉、次氯酸钠等进行洗涤，这些都是不正确的。

4.其实要解决一些顽固污渍，不锈钢专用清洁剂便可以轻松搞定。一些环保而实用的小技巧亦可以解决大问题。比如把做菜时切下不用的胡萝卜块在火上烤后用来擦拭不锈钢制品，不但可以起到清洁作用，而且不伤表面。做菜剩下的萝卜屑或黄瓜屑蘸清洁剂擦拭，既能起到清洁的作用，还能起到抛光的作用。

筷子

光滑、木质、无污染的筷子更适合家庭使用，经过油漆涂染的筷子含有铅、苯等化学物质，对人体健康有害，在长期使用的过程中也存在表层油漆脱落而被误食的危险。很多人喜欢带有雕刻花纹的筷子，但是这种筷子清理难度较大，容易藏污纳垢，滋生细菌，同样会对人体健康造成危害。

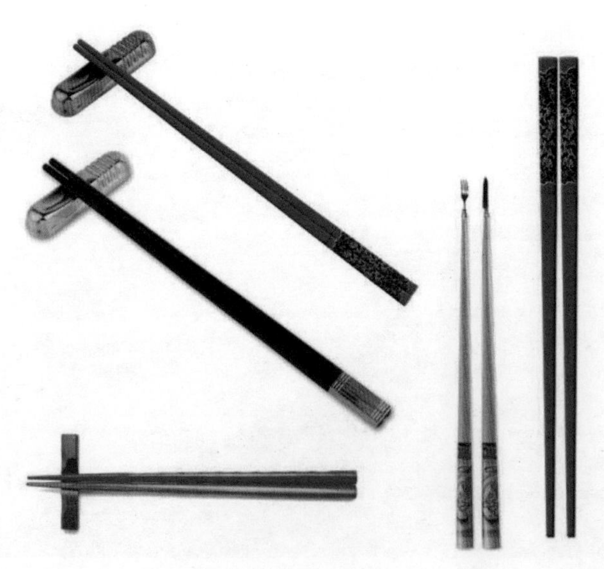

厨房电器一览

微波炉

微波炉的使用与保养

微波炉内的食物不能放太满，最好不要超过容积的1/3。

在使用微波炉的过程中，应注意保护好炉门，防止因炉门变形或损坏而造成微波泄漏。更不能在炉门开启时，试图启动微波炉，这是十分危险的。

选择烹调时间宁短勿长，以免食物过分加热烧焦，甚至起火。

日常使用后，马上用湿布将炉门上、炉腔内和玻璃盘上的污渍擦掉，这时最容易擦干净。若日常没有及时清洁，可将一点水加热成蒸气，使污垢软化，再用湿布擦就容易清洁了。

微波炉停止使用时，应将炉门稍稍敞开，使炉腔内的水蒸气充分散发，有利于腔体的保养。

当微波炉出现异味时，可以把柠檬皮放在加热盘上，调中火加热20~30秒，此时柠檬散发的清香气味能够取代微波炉的异味。也可以用碗适量装入按1：1比例调配的醋和水，高火加热2~3分钟，先将炉门打开让热气散一会儿，再将碗拿出，避

免热气熏伤，此时油渍已经充分溶解，用拧干的湿抹布认真擦拭，就可达到良好的去除异味、清洁炉体的效果。

微波炉使用注意事项

1.微波炉应该放置在干燥通风的地方，同时避免热气和水蒸气进入微波炉中。在微波炉周围应该留15厘米以上的通风空间。

2.不能将肉类加热至半熟之后再用微波炉进行加热。在半熟的食品中，细菌同样会继续增加，再次使用微波炉进行加热，加热时间短，不能将细菌全部杀死，这样加热之后的食物很容易对人体造成伤害。

3.在使用微波炉加热食物时，食物若出现起火的现象，不能打开炉门，这个时候应该立即关闭电源，拔下电源插头，再将定时器调回零就可以了。

4.不能在微波炉中加热油炸食品，油炸食品经过高温加热之后，高温的油会发生飞溅，导致火灾的发生。

5.使用微波炉加热食物不能用金属器皿，放入炉中的铁、铝、不锈钢、搪瓷等在进行微波加热时会和微波炉产生火花并反射微波，这样既损伤炉体，又达不到加热食物的效果。

6.较厚或者体积稍大的待加热食品，最好先切成大致均匀的小块再一起放进微波炉，以便受热均匀。

7.在加热香肠、鸡蛋等密闭或带壳的食物前，应该在食物上刺出小孔或将外壳弄破，以防止压力过大造成食物爆裂或喷溅的危险。

8.微波炉箱体上方的散热孔不宜用物品覆盖。

电饭锅

电饭锅如何选购

1.确定功率大小：您可根据家庭人数来购买不同功率的电饭锅，如500瓦、5升的电饭锅较适合三口之家使用，而700瓦、8升的电饭锅则更适合人数较多的家庭使用。

2.比较性能：较好的电饭锅大多操作简便、灵活、安全，加热、保温性能优良。

3.选择外观：购买时应注意电饭锅外观涂漆均匀，无凸凹、划痕等缺陷；锅盖与锅体之间配合良好；内锅无凹陷，形状完整，且与电热板接触紧密。

4.易清洗：为便于清洗，尽量选择内锅为不粘涂层的电饭锅。

电饭锅保养技巧

电饭锅在家庭中的使用频率较高，如果保养不当会缩短使用寿命。为了合理地使用和保养电饭锅，应该注意以下几点。

1.使用完毕，内锅经洗涤后，表面的水必须揩干后再放入电饭锅内。

2.锅底部应避免碰撞变形。发热盘与内锅之间必须保持清洁，切忌饭粒掉入而影响热效率，甚至损坏发热盘。

3.内锅可用水洗涤，但外壳及发热盘切忌浸水，只能在切断电源后用湿布擦拭。

4.千万不能用钢丝状清洁球刷洗电饭锅内底部，这样容易刷掉锅内铝漆，煮饭时容易出现粘锅的现象。

5.不宜煮酸、碱类食物，否则会对铝制内胆造成损伤。

6.不要放在有腐蚀性气体或潮湿的地方。

7.使用时，应将蒸煮的食物先一一放入锅内，盖上盖，再插上电源插头；取出食物之前应先将电源插头拔下，以确保安全。

8.电饭锅的锅底出现焦煳物时，可以往锅内倒入半锅水，再加入适量醋，浸泡11~12小时后即可用刷锅的抹布轻轻将焦煳物擦掉。

电磁炉

电磁炉如何选购

在使用电磁炉前，应仔细阅读产品说明书，了解产品的功能、使用方法、保养要求及制造商提供的售后服务内容。一般在使用、保养时应该注意以下几点。

1.安装专用的电源线和电源插座。电磁炉由于功率大，一定要配置专用的电源线和插座，通常应选择能承受15安电流的铜芯线，配套使用的插座、插头、开关等也要达到这一要求。

2.电磁炉放置要平稳。如果电磁炉某一脚悬空，使用时锅具的重力将会迫使炉体倾斜，使锅内食物溢出。如果炉面放置不平整，锅具产生的微震容易使锅具滑出而发生危险。

3.选用合适的锅具。电磁炉外壳和黑晶承载重量是有限的，一般家用电磁炉连锅具带食物不应超过5千克，而且锅具底部也不宜过小，防止电磁炉炉面承受压力过于集中。

4.清洁炉具要得法。电磁炉炉面或炉体不能用溶剂、汽油来清洗，可用软布沾中性洗涤剂来擦拭。

5.不要让锅具空烧、干烧，以免电磁炉面板因受热过量而裂开。

6.锅具必须放置在电磁炉中央，避免加热不均匀，也不要在高温或大功率状态下频繁拿起锅具再放下，以避免造成故障。

电磁炉使用注意事项

1.注意电磁炉用电的安全性，保证电磁炉周围的使用环境足够安全，确保电磁炉的功率和电源的功率一致。

2.使用电磁炉时应当选择电磁炉专用锅具，不锈钢或耐热的陶瓷制成的炊具都适合作为电磁炉的锅具，但不能使用玻璃、铝、铜等质地的炊具。电磁炉在使用过后应当及时清洁，保证炉面的干净、整洁。

3.将锅具放置在电磁炉上时应当轻拿轻放，避免用力过重而破坏炉面。

4.使用后电磁炉上还有余热，应避免将手直接和炉面接触，防止烫伤。

5.在使用电磁炉时需要有人进行看守，或者将电磁炉的温度调低和定时。

6.将电磁炉放置在儿童不能接触到的地方，防止误伤。

7.购买电磁炉的炊具时应充分考虑电磁炉的承受标准，不能使用底部太大或者质量太重的炊具，以免出现受热不均、电磁炉故障等状况。

电冰箱

电冰箱的摆放

1.电冰箱要放置在通风、干燥、阴凉的地方，避免阳光直射。电冰箱贴着墙壁摆放不利于散热，会导致制冷效果变差，并且缩短电冰箱的使用寿命。因此放置时要尽量使电冰箱的四周与墙壁保持10厘米以上的距离。

2.电冰箱的顶部最好不要搁置重物或其他杂物，保持整洁、卫生。

3.不要将电冰箱、微波炉等家用电器紧贴着摆放在一起，也要远离煤气灶、液化气等设备，以免发生火灾。

电冰箱的使用注意事项

1.家里接到停电通知时，可以先将电冰箱的插头拔下，停电期间尽量减少开箱门的次数。在电冰箱门紧闭的情况下，食品的保鲜能够维持15~20个小时。

2.电冰箱的启动电流较大，时常有人眼看不到的微弱电火花，因此擦洗电冰箱时要先将电源切断，避免漏电或短路，待擦干后再重新启动。

3.如果因家庭装修或外出度假等需要将电冰箱停用一段时间，首先应当把电冰箱内的食物

全部取出，再用抹布等清洁工具将其擦干净，让电冰箱处于干燥的状态以避免细菌滋生。

4.电冰箱密封条变形会影响电冰箱的密封程度，增加电冰箱的耗电量，缩短电冰箱的使用寿命。因此，平时在使用电冰箱时应该轻开轻关，减少对电冰箱密封条的损耗。

电冰箱的日常清洁

1.电冰箱门板间的细缝是比较难清洗的地方，此时可以借助细长的筷子，先将抹布用清洁剂浸湿，并将抹布薄薄地缠裹住筷子，再伸入细缝中清洁即可。用牙刷或者质地柔软的海绵刷清洁电冰箱的小缝隙，也能轻松解决小角落的污垢问题。

2.冰霜过厚时，电冰箱的整体制冷效果会受到影响，耗电量也会随之增加。在对电冰箱进行除霜工作之前，应先将电冰箱内储藏的食物全部取出，然后将电冰箱断电，并把箱门打开，放入一两个盛满热水的铝制容器，耐心等待5~6分钟，电冰箱内的冰层就会慢慢脱落，此时将冰层取出，用软布将电冰箱内残留的水分擦干。

3.长时间使用后，电冰箱难免会出现异味，将新鲜的橘子皮或柠檬皮散放到电冰箱的各个角落，三五天过后，电冰箱中的异味就会被水果的清新香味取代，此时可以把果皮取出。

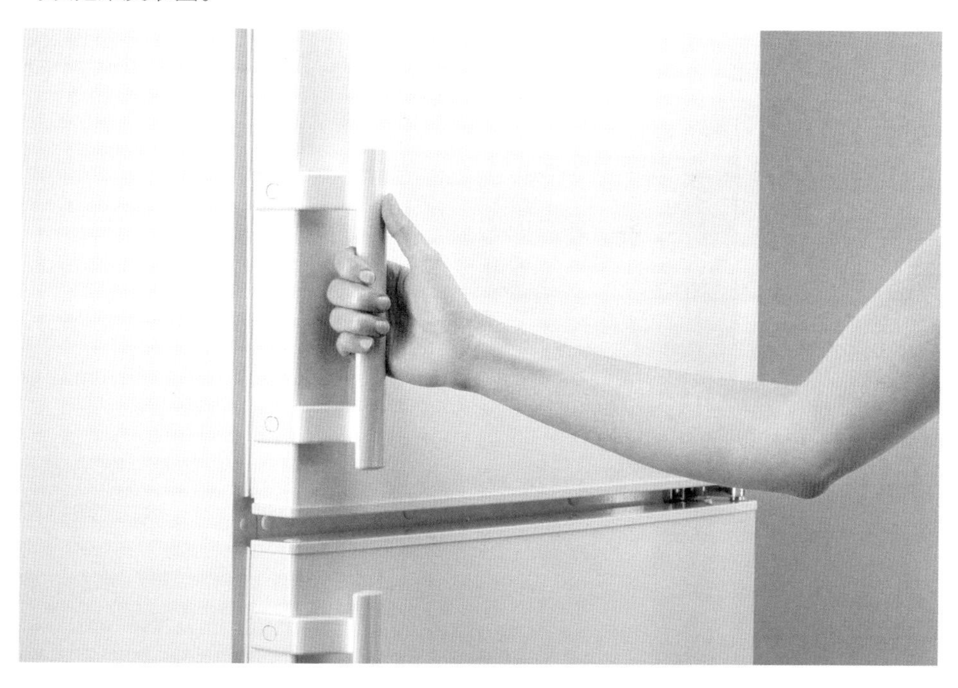

电冰箱中物品的存放守则

让每一种物品都放置在它合适的位置，并且在使用完毕后重新放好，能让食物制作变得得心应手。标有产品名字的正面朝外，要用时看一眼就知道它在哪儿，食物在电冰箱中合理放置能够提高寻找效率，避免烹调前总要进行一次食材大搜索，这样能为做饭节省不少时间。此外，剩菜剩饭最好分别装入保鲜盒中，这样既干净卫生，又可以避免碗碟占用过多的冰箱空间。

适合放在冷藏格中的物品

肉、鱼、火腿、香肠等可以放进袋子中密封起来，再存放于冷藏格中。

将黄油、奶酪等乳制品集中放在冷藏格中，与气味厚重的物品分开存放，避免沾染气味。

从新鲜度考虑，那些需要尽快食用的东西应该放在比较显眼的地方，避免错过食用日期而造成浪费。

适合放在门格子里的物品

箱门一侧的格子可以存放盒装牛奶、调料汁、果酱等，其中个头矮的放在前面一排，个头高的放在后面，取用方便。

像芥末等小软管类的物品容易倾倒，不易竖立摆放，此时可将其放于与笔筒相似的小筒中与其他物品统一存放在箱门的分格中，取用可变得简单。

哪些菜不适合放入电冰箱

在绝大多数情况下，电冰箱能较好地延长食物的保鲜时间，但这并不代表所有的食物都适合放进冰箱储存。

1.香蕉、杧果等水果在低温环境中会丢失香味，而且表皮老化、软烂的速度加快，也容易出现黑斑，严重时会有腐烂的情况发生。

2.番茄、青椒、黄瓜等蔬菜在低温环境中容易变得软烂。

3.巧克力、面包、火腿以及中药也不宜在电冰箱中存放。

电冰箱冷冻格内食物的放置秘诀

从超市买来的食材原封不动地放进电冰箱冷冻的习惯应该尽快改掉，因为这个习惯不仅不利于电冰箱空间的合理利用，也是造成“冻灼”（冷冻食品表面干燥变硬，风味下降）的根源所在。带叶蔬菜先在盐水中焯一下并沥干水分，再用保鲜膜紧紧包裹，以防止接触空气，最后套上保鲜袋进行冷冻；切成薄片的肉、排骨和肉馅可以各自分成一餐份大小来保存。

冷冻格可以轻松保持食物的鲜美，但手工制作的副食品在冷冻超过两周后味道就会慢慢变差，想要品尝到食物的新鲜风味，不宜放置太久。

食物存放在冷冻格时应严格划分区域，比如肉、鱼、手工制作的副食或预先准备的蔬菜、市场上销售的冷冻食品、面包和米饭等区域。

无论是冷藏或冷冻、生食或熟食、荤食或素食，最好都能做到分开放置，防止串味而改变食物的味道。

另外，生肉或生菜上携带的部分细菌或病毒在低温环境下能生存并繁殖，但经过高温烹调后几乎可以把细菌全部消灭。如果将生食和熟食存放在一起，熟食容易沾染生食的细菌，在此基础上如果为了保留食物的风味而将熟食稍微加热就食用，沾染的细菌就不容易被消灭，所以一定要将食物分类存放，以保障食用安全。

抽油烟机

抽油烟机的选购

1.安全性能。抽油烟机作为常用的家庭电器产品，安全性是最重要的性能指标，所以在选购时应该看产品是否通过国家CCC强制产品认证，以检验产品的质量，保证使用的安全。

2.排风量大小。烹饪时产生的油烟中，PM2.5等污染物含量极高，还有二噁英等剧毒物质，如果让这些污染物长期存在于厨房，会严重影响健康。因此排风量也是选购时要关注的指标，排风量越大的抽油烟机，在吸附油烟的时候油烟越不容易向外溢出，大部分都会直接被吸入到烟罩里，然后通过风道被排出室外。目前，不少厂商都推出了450px3/min超大风量的款式。但是排风会带走热量，最终也会影响炉灶正常的发热量与烹调时间，所以排风量并不是越大越好。

3.噪声大小。噪声也是衡量抽油烟机性能的一个重要技术指标，因为抽油烟机的噪声不仅会影响本身质量，同时还会影响人们的烹饪情绪，所以抽油烟机的噪声大小很关键。国家规定该指标值不大于74分贝，噪声越低越好，一般认为噪声控制在55分贝以内舒适度更佳。

4.智能功能与整体设计。智能时代的来临让家庭电器更人性化，提供不同风量的档位以适应不同烹饪需求，如适应爆炒需求的超强风力模式，随灶台同步开机的

烟灶联动功能，可以清洁厨房空气的定时智能换气功能，拥有与按键式的抽油烟机相比更易于清洁的智能触控面板，良好的油网或油槽的结构，让油烟过滤更加顺畅、清洁而且省心。

抽油烟机的安装

抽油烟机的高度以最常使用者身高为准，而抽油烟机吸气口与灶台的距离不宜超过60厘米，这样可以防止安装位置过低而造成的碰头受伤或者是安装位置过高而无法发挥吸收油烟的情况。另外，还要考虑厨房通风口或者窗口的高度，以便提高排风抽油的效率，营造良好的烹饪环境。先安装抽油烟机最容易产生麻烦，所以最好和橱柜同时安装。选购抽油烟机时，中式的尤其是罩体比较深的比欧式的吸力更强。抽油烟机一定要靠墙装，这样效果会更好。

如何清除抽油烟机的顽固油污

1.扇叶清洗。先在灶台上铺好报纸，再往抽油烟机的扇叶上喷洗洁精，接着打开抽油烟机的开关，让扇叶慢速运行两分钟，关掉抽油烟机，静置五分钟左右，扇叶上的油会慢慢滴下，将扇叶小心拆下，用抹布清洗干净。

2.先将抽油烟机的电源插头拔出，让抽油烟机处于断电状态。把喷射性的清洁剂均匀地喷到抽油烟机的各个部位，耐心等待20~30分钟，让油渍充分溶解，再用蘸有温水的软布轻轻擦拭，将机身上的油污抹去。

3.将油槽、油网等可拆卸清洗的部件拆卸下来，浸泡在温水中，加入清洁剂和少量醋，15分钟后油渍充分溶解便可轻松清洗，最后再用清水将泡沫冲净。

4.清洗抽油烟机时，禁用锐利、硬物和钢丝球等损害表面的器具，禁用强腐化性、强碱、强酸的洗涤剂。所有部件都擦洗过后，就可以重新安装了，最后记得开启试用一下，若能正常运行即可。

第二章

归纳烹饪方法和技巧，拥有完美厨艺不是梦

为什么有的人做饭很好吃，有的人做出来的饭菜却让人毫无食欲、难以下咽呢？其实，烹饪是需要方法和技巧的。本章首先介绍了生活中常用的烹饪方法及技法，接下来将为你揭秘做饭美味又营养的诸多技巧。掌握了这些技巧，你也能变身成为厨艺达人！

家庭常用烹饪方法

炒

炒是最基本的烹饪方法之一，日常使用较为广泛，其具体方法可分为生炒、熟炒、软炒、干炒等。众多食材适用于炒，只要经过刀工处理成丁块、丝状、条状、球形，再放入食用油烧热的炒锅中即可。用锅铲快速翻拌可避免粘锅或食材生熟度不一致。

切记根据食用需求加入食用油的量，火候的大小与油温也要掌握好。食材投放有序，便可做出软熟度恰当的菜肴。

拌

拌的烹饪方法主要运用于凉菜的制作，拌的菜肴一般具有鲜嫩、爽口的特点。其用料广泛，荤、素均可，生、熟皆宜。

拌菜常用的调味料有精盐、酱油、白糖、芝麻酱、辣酱、芥末、醋、五香粉、葱、姜、蒜、香菜等。

拌菜的选料要求新鲜、干净、卫生，以保证食用的安全；搭配颜色要清爽淡雅；调拌要均匀，口味以酸甜为主，香味要足；若食材需要焯煮，要控制好火候，过于熟烂会影响色泽和口感。清新爽口的凉拌菜充分保留了食材的原汁原味，能有效提高食欲，在夏日最受欢迎。

巧用啤酒拌凉菜。啤酒具有丰富的营养成分，有着“液体维生素”的美称，日常除了直接饮用，还被作为烹调的重要调料，啤酒鸡翅、啤酒鸭等用啤酒制作的料理极具风味。其实在制作凉菜时也可以适当加入啤酒，比如凉拌黄瓜、芹菜等，让蔬菜更清新爽口。

烧

烧是指原料在烹饪之前，先放入油锅中煸炒断生，然后再放入调味品和汤（或水），用温火烧至酥烂，再转旺火烧，促使汤汁浓稠的烹饪方法。一般烧菜的汤汁约为原料的一半，如果是干烧，就应使汤汁全部渗透入原料内部，锅内不留汤汁。常见的烧煮菜肴有烧茄子、红烧鲤鱼等。

卤

卤是指将食材经过清洗、焯水和简单的刀工处理后，放入卤汁，用中火逐步加热烹制，使卤汁渗透其中，直至成熟入味的烹饪方法。用卤法烹制的菜肴，口味香浓、色泽光亮、食用方便、便于携带，备受人们的喜爱。无论是街边小巷还是酒楼饭馆，都能看到它的身影，如卤鸭脖、卤鸭掌、卤鸡爪等。

用于卤制的卤水可以自己制作，也可以在市面上直接购买。卤水分为红卤和白卤两大类：红卤加糖色，卤制的食品呈金黄色；白卤不加糖色，卤制的食品呈无色或者本色。自己熬制卤水时，通常会加入姜、葱、花椒、八角、桂皮、陈皮、胡椒、甘草、肉蔻、香叶、孜然、砂仁、罗汉果、辛夷花、当归等多种香料和中药，以增加食材的色、香、味。

蒸

蒸是指把经过调味的食品原料放在器皿中，再置入蒸笼，以蒸汽为传热介质将其加热制熟的烹饪方法。蒸制而成的菜肴具有保持食材原有形态、原汁原味、减少菜肴营养成分流失的特点。

蒸制火候与时间因食品原料而不同，可分为猛火蒸、中火蒸和慢火蒸三种，按技法可分为清蒸、粉蒸、扣蒸、包蒸、糟蒸、花色蒸、果盅蒸，其中清蒸、粉蒸是家庭烹调中使用较多的。

清蒸是指单一原料或单一口味（咸鲜味）原料直接调味蒸制，成品汤清味鲜、质地嫩，代表菜有清蒸武昌鱼、清蒸鲈鱼。

粉蒸是指经加工、腌渍的原料上浆后，沾上一层熟玉米粉蒸制成菜的方法，粉蒸的菜肴具有糯软香浓、味醇适口的特点，代表菜有荷叶粉蒸肉。

蒸制时应当注意以下几点。

1.蒸制前原料一定要处理干净，沥净血水，避免影响蒸制后的味道。

2.蒸制时要等锅内的水沸腾后再将原料放入。

3.蒸的时候建议不要翻动，以免破坏菜肴的外形。

4.若将食材按颜色深浅摆放时，一般色浅的放在上面，色深的放在下面，这样能有效避免上面菜肴的汤汁溢出时影响下面菜肴的颜色。

5.热气向上，上层蒸汽的温度高于下层，因此，按食材烹制的时间长短摆放时，一般把不易熟的菜肴放在上面，易熟的则放在下面，避免生熟不均。

炖

炖是指把食物原料加入汤水及调味品中，先用旺火烧沸，然后转成中小火，也就是食材要经过长时间烧煮的烹饪方法。

炖的烹调方法包括不隔水炖和隔水炖。

不隔水炖就是将原料在开水内烫去血污和腥膻气味，再放入陶制的器皿内，加葱、姜、酒等调味品和水，加盖后直接放在火上烹制。烹制时，先用旺火煮沸，撇去浮沫，再转微火炖至酥烂。炖煮的时间可根据原料的性质而定，一般2~3个小时。

隔水炖是将原料在沸水内焯去腥污后，放入瓷制、陶制的钵内，加葱、姜、酒等调味品与汤汁，用纸封口，将钵放入水锅内（锅内的水需低于钵口，以滚沸水不浸入为度），盖紧锅盖，不要漏气。以旺火烧使锅内的水不断滚沸，这样约3个小时即可将汤品炖好。这种炖法可使原料的鲜香味不易散失，制成的菜肴鲜香味足，汤汁清澄。

煎

煎一般是指以文火将锅烧热，放入少量的油加热，再把食物放进去，先煎至一面上色，再煎另一面的烹饪方法。煎时要不停地晃动锅，以使原料受热均匀、色泽一致，两面呈金黄色后放入调味品，拌匀即可。煎锅的原料在煎之前一般还需经过调味或挂糊；有的在煎时不需另用调味品烹调，食用时再蘸上调味品。煎的时间往往较短，煎制的菜肴外香酥、里软嫩。

煎的种类很多，有干煎、煎烹、煎蒸、煎焖、煎烩、煎烧、糟煎、汤煎等，其中煎焖和煎烧是制作家庭料理时最常用到的：煎焖就是将原料煎制后，在锅内放入调料和汤（或水），盖严锅盖后用小火焖至主料软烂、汁液烧干；煎烧多出现在南方地区，一般是用于制作丸子，菜肴色泽浅黄、质地松软。

烤

烤是最古老的烹饪方法，从远古的野火烤食演变而来。随着现代工艺的完善，用于烤制的器具越来越多样化。烤制时只要将经过刀工处理或调料腌渍的食物原料放在烤具中，利用火的辐射热使之变熟即可。烤制的菜肴，由于原料是在干燥的热空气烘烤下成熟的，表面水分会蒸发，凝成一层脆皮，原料内部的水分不会继续蒸发，因此，菜肴的形状整齐，色泽鲜亮，肉质外脆里嫩。

一般烤制分为暗炉烤、明炉烤。暗炉烤选用的炉体有砖砌的，有铁桶制的，还有陶制的，只要将原料挂在钩上，放进炉体内，悬挂在火的上方，封闭炉门后经过一段时间即可完成烤制，多用于烤制鸡、鸭、畜肉类原料。明炉烤是指临时搭火，不宜太猛，应适时翻动，严防过老或不熟，将原料烤成焦黄色即可。敞口火炉烤制食品时，有用铁架来烤制乳猪、全羊等大型主料的；有在炉上放铁炙子来烤肉的；也有用铁叉叉好原料在明炉上翻烤的，像烤乳猪、烤全羊等。

烤箱是现在日常家庭中最为便捷的烤制用具，其体积小、操作简单，可以烤制的食材多样，像体形较小的鸡、鸭、面包、点心等。只要根据食谱或自己积累的烹饪技巧即能做出美味的菜肴。

炸

炸是以食油为传热介质的烹饪方法，烹制的特点是需要旺火加热、用油量大。炸制菜肴的口感特点是香、酥、脆、嫩。

炸分清炸、干炸、软炸、酥炸、面包渣炸、纸包炸、脆炸、油淋炸等。酥炸一般是在原料外面挂上全蛋糊下油锅炸，是口感最为丰富的一种；清炸是原料不经挂糊上浆，将食材用调料拌渍后投入油锅，以旺火加热，利用较高的油温能较好地保持原料的原始风味。

炸食物时，要控制好油温，火不宜太猛，应适时翻动，严防过老或不熟，将原料炸成焦黄色即可。有的大块原料要复炸，但这样对保持营养素不利，也不易消化，不宜多采用。

煲

煲的烹饪方法一般指煲汤，烹调的时间较长。煲汤往往选择富含蛋白质的动物原料，如牛、羊、猪、鸡、鸭等的骨头或肉质。煲汤时要先把原料洗净。一般情况下，将汤料放进锅后要一次性加足冷水，用旺火煮沸，再改用小火，期间要撇去浮沫，加入姜和料酒等调料，待水煮沸后用中火熬制，使其保持沸腾3~4小时，这样原料里的蛋白质能更多地溶解。汤汁呈乳白色时味道最佳。

煲汤时避免以下情况，能使煲出的汤味道更鲜美。一是避免煲汤时中途添加冷水，因为正加热的肉类会遇冷收缩，蛋白质不易溶解，汤的鲜香会流失；二是不宜过早放盐，因为早放盐能使肉中的蛋白质凝固，不易溶解，这样会使汤色发暗，浓度不够；三是要控制好放入香辛料的量与种类，如葱、姜、蒜，否则会影响汤汁的鲜美；四是控制好火候，不要一直用旺火熬制，以免肉类中的蛋白质分子运动激烈而使汤混浊，同时使营养流失。

焖

焖是将加工处理过（如卤、炸、煎、爆）的原料放入锅中，加适量的汤水和调料，盖紧锅盖烧开后改用中小火进行较长时间的加热，待原料酥软入味后，留少量味汁成菜的烹饪技法。其特点是菜肴以柔软酥嫩为主。

焖制的烹饪技法按调味种类分为原焖、油焖、红焖、黄焖、酱焖几种。

其中油焖的制法在聚会场合的餐桌上较受欢迎。油焖是将加工好的原料经过油炸，排出原料中的适量水分，使之受到油脂的充分浸润，然后放入锅中，加调味品和适量鲜汤，盖好盖子，先用旺火烧开，再改用中小火焖，边焖边加一些油，直到原料酥烂而成菜的技法。代表菜有油焖大虾、油焖尖椒等。

各类烹饪加分技能

氽水与焯水

氽水有时是烹饪原料初步热处理的方法，但更多的时候是一种烹饪方法，一般以咸鲜、清淡、爽口为宜，多以汤作为传热介质，成菜速度快。氽水中的“水”一般是指汤水，氽水具体的操作步骤是将鲜嫩的原料投入沸汤锅中制熟成菜。氽的原料多是加工成片状、丝状、花刀形或丸子形，有上浆与不上浆之分。氽后原料汤色澄清见底为清氽，氽后原料汤色乳白为混氽。

焯水是一种初步熟处理工艺，是将原料投入冷水或沸水锅中去除异味以及断生的一种烹调方法。焯水的方法包括开水焯水和冷水焯水：开水焯水一般适用于植物性原料和质地细嫩的动物性原料；冷水焯水一般适用于质地老韧、腥膻味较重的动物性原料。开水焯水就是将锅内的水加热至滚开，然后将原料下锅，下锅后及时翻动，时间要短。焯水讲究色、脆、嫩，不要过火。冷水焯水时要特别注意火候，时间稍长，颜色就会变淡，而且也不脆嫩，因此放入锅内后，水微开时即可捞出晾凉。焯水之后不要用自来水冲，以免造成新的污染。

上劲

上劲就是将加工成蓉、泥、末的动物性原料加入精盐、水、淀粉以及其他辅料后，经过反复搅拌，使之达到色泽发亮、肉质细嫩、黏稠且不松散状态的一种加工方法。一般做鱼丸子、牛肉丸子时对肉质的劲道要求比较高，上劲后味道鲜美，嚼劲佳。像广东潮汕地区的牛肉丸、牛筋丸就以劲道得像乒乓球一样有弹性而得到食客的钟爱。

挂糊与上浆

挂糊与上浆相似，都是在食材下锅前给其表面挂上一层“保护膜”；区别是用于挂糊的液体相对于上浆较为浓稠，上浆用的较稀薄。

挂糊是指先在经过刀工处理的原料表面挂上一层粉糊，再放到温度较高的食用油中炸，制作出的菜肴具有松嫩、香脆的口感，同时可保持较好的外观。挂糊时做好每一个细节，才能避免菜肴的外观与口感受到影响。挂糊时很容易渗出一部分水而导致脱浆，需把要挂糊的原料上的水分挤干，特别是经过冰冻的原料。而且还要注意液体的调料要尽量少放，否则会使浆料上不牢。也要注意调味品加入的顺序，一般先放盐，盐可以使咸味渗透到原料内部，同时和原料中的蛋白质形成“水化层”，这样可以最大限度地保持原料中的水分少受或几乎不受损失。

上浆是指在切好的原料下锅之前，给其表面挂上一层浆类的“保护膜”。其作用首先是能保持原料中的水分和鲜味，使烹调出来的菜肴具有滑、嫩、柔、脆、酥、香、松或外焦里嫩等特点；其次，上浆能有效保持原料不碎、不烂，增加菜肴形与色的美观度；最后，菜肴的营养成分也能得到保持。

过油

过油是将原料放入油锅进行初步热处理的过程，能使菜肴口味滑嫩软润、色泽鲜艳，而且能去除原料的异味。过油时要根据油锅的大小、原料的性质以及投放材料的多少等方面来控制油的温度。

根据火候的大小控制油温。急火可使油温迅速升高，但极易造成互相粘连散不开或焦煳现象；原料在火力比较慢、油温低的情况下投入，则会使油温迅速下降，出现脱浆，从而达不到菜肴的要求。

过油必须在急火热油中进行，而且锅内的油量以能浸没原料为宜。原料投入后由于原料中的水分在遇高温时立即气化，易将热油溅出，须注意防止烫伤。

过油还可以给食物上色，用高温将蛋白质煎到表面变色，质地焦脆，风味也更复杂。过油的目的是让肉中蛋白质在高温作用下产生复杂风味，食材不但好看，也与柔软的食物内层形成口感上的对比。可将肉事先过油处理好，立刻冷却，等要吃时再放进烤箱完成后续步骤。烹调手法中不乏温度对蛋白质的影响，而过油可说是其中最神奇的应用手段。

熬油

熬油就是小火将动物的固态油脂熬成液体，这个技巧多半用在熬猪油和鸭油。熬油时，要先放一汤匙水在锅中，然后把板油放入，用小火慢熬，或是放入烤箱用低温将所有油都烤出来，里面的水分也不全部蒸发。通常，油块切得越小，熬出的油越多也越干净，过滤之后放凉即可。熬油的火力越温和越好，如果熬到一半水分蒸发了，导致锅内温度太热，猪油煮过头，闻起来就会有烤味，到最后猪油不是焦掉就是带苦味。熬出的油是重要的料理材料，例如油封就是将坚硬的肉放在油里慢慢泡煮。熬出来的油可以煎炒，也可以半煎炸或深炸。熬出的油在糕点制作上用处很多，最常见的就是用来起酥。

油水分离

不相容的材料合为均匀的混合物，称为乳化液，当乳化液中不同原料各自分开时，则称油水分离。如奶油是一种乳化液，放在锅上加热就会油水分离，原来合二为一的澄清奶油会分成水和乳固形物。备料上会出油水分离的多半是乳化酱汁，如荷兰酱和美乃滋，这类酱汁都将油脂乳化进少量的水和蛋黄中，酱汁因此奶滑丰美，一旦油水分离，油就会与水分开，重新自我聚集成为一碟油脂。油水分离多是因为油加太多，温度太高也会使乳化的奶油酱油水分离，或是没有完全混合的酱汁也会因不稳定而分层。油水分离的酱汁若重新再乳化就可避免分层，在油水分离的酱汁中加入一颗蛋黄，也可加入油脂，再次搅打，如此乳化状况就会恢复。香肠和肉派等绞肉食品，油脂均匀分布在肉品中，也可视为乳化物。熟后会油水分离——油脂和肉的其他部分分离，这多是因为食材在搅拌时肉和油脂的温度过热。如果是这样，已经油水分离的馅料在煮过后无法再恢复。

勾芡

勾芡具有吸水、黏附及使食物光滑润泽的特点。在菜肴接近成熟时，将调好的粉汁淋入锅内，使卤汁浓稠，增加卤汁对原料的附着力，从而使菜肴汤汁的粉性和浓度增加，改善菜肴的色泽和味道。烹调用的淀粉主要有：绿豆淀粉，土豆淀粉，麦类淀粉，菱、藕淀粉等。勾芡多用于熘、滑、炒等烹调方法中。

芡汁的浓稀应根据菜肴的烹法、质量要求和风味而定。浓芡的芡汁浓稠，可将主辅料及调味品、汤汁黏合起来把原料裹住，食用后盘底不留汁液，适用于扒、爆菜使用；糊芡的芡汁能使菜肴汤汁成为薄糊状，目的是将汤菜融合，口味柔滑，适用于烩菜和调汤制羹；流芡则呈流体状，能使部分芡汁黏结在原料上，适用于熘菜；薄芡的芡汁薄稀，仅使汤汁略微变得稠些，不必粘住原料，适用于清淡口味的菜肴。

裹粉

只有需要炸的食物，才需要裹上面包粉。步骤如下：首先将食物粘上面粉，干后再挂上蛋液，面粉上的蛋液有黏度，裹上面包粉后较容易黏附。裹粉的顺序很少变动，细节却多变。例如，面粉可用中筋面粉、全麦面粉或杏仁粉，换成玉米粉这种纯淀粉也行；蛋汁可加水稀释，或加上调味剂；面包粉可以事先调味，有人用软面包粉，有人用硬面包粉，还有人用其他杂类或磨碎的坚果代替。请记清标准的裹粉程序，而粉类则可随意。

直接加热与间接加热

直接加热是指在煤炭上烧烤，火源直接来自下面的煤炭而不是旁边，两旁的火源则可间接加热。这相当于煎的烧烤法——高温烹调，烹调时不加水，在质地柔软的基础上创造香气诱人的表面。但对于比较需要时间和温和火候的食物，以间接加热为好。一般情况下，最好混合两种烧烤方式：直接加热，可有风味；间接加热，温度可以平均。

隔水加热、隔水保温

对于需要温和调理的菜肴，可放入烤炉中隔水加热。

隔水加热时，容器外的水必须保持低温。像巧克力这类需要温和调理并融解均匀的食品，会用到隔水加热。变层锅在隔水加热时有很好的效果，是温和烹调的器具。

隔水保温是一种热水保温法，家人不能及时赶回家吃饭时常常用到，可保持酱汁或其他备料温热。

余温续煮

把食物迅速从烤箱拿出或从炉火上拿开，食物余温仍会让它继续熟成，烤物越大，内层越热。褐色奶油可以瞬间由绝妙好滋味变成焦黑苦涩味，除非你把奶油快速从平底锅倒出或是加入一点柠檬汁冷却。焦糖布丁需要隔水加热，如果看到布丁在烤箱中已微微晃动，看起来和成品一样完美，那就是烤过头了，因为余温会继续加热，所以要事先拿出才会让它“大功告成”。正在烤的坚果，脂肪含量高，要在烤好前赶快从烤箱中拿出来。评估某物何时完成，以颜色、香气、触感为判别因素，余温加热也该视为重要的考虑因素。根据经验法则，物体离火后还会往上升6℃，但是如何拿捏余温加热的程度，还有很多因素要考虑，比如物品有多大，含多少脂肪，食物静置的地方环境温度是多少……种种因素让离火余温由3℃到17℃皆可能，但一般而言，肉越大，离火时间越久。

加盖

为汤锅和平底锅加盖，目的十分明显，那就是为了保持更多热度。如果锅加盖，酱汁会被烧得更猛，水滚得更猛、更快，烤箱中加盖的汤会比没加盖的汤要热。

但是烫绿色蔬菜一定不可盖盖子。将酱汁盖上盖子，无论盖一部分，还是盖全部，都会阻碍酱汁收汁。但如果酱汁还没煮熟，而汤却快要收干了，则要加上盖子再煮。如果想既保持热度，又可收掉一些汤汁，盖子可半开半合。只要把烘焙纸剪成适合锅的形状，既可作为盖子来收汁，又可防止表面形成一层膜，还可以保持温度。

切小丁

切小丁是指将食材切成骰子般形状一致的丁状，尺寸大小多有差异。根据美国厨艺学院的做法：较大的块状边长约为2厘米，中型的块状约为1.3厘米，而小丁边长则约为0.6厘米。大的块状看起来呈矮胖状，不优雅，多用在高汤炖料，或是材料需要烹煮很长时间最后扔掉的料理中。放在炖汤里的材料可切成大块，如烧烤的

根茎类。最小的丁状叫细丁，有边长约0.3厘米的碎丁，还有细达0.16厘米的细丁。最小的细丁多半先用削菜器将蔬菜削成细条后再切丁，作为高雅美味的装饰配菜。

削皮

尽管眼前料理的准备工作千百种，但要使食物达到色香味俱全，果蔬的皮一定非削去不可。水果皮韧又硬且没味道；蔬菜的皮即使有营养，但通常很脏。所以做菜时请自己判断，如果决定不将果蔬去皮，则菜色较不美、口感较不佳。如果蔬菜、水果要生食，则要注意卫生问题，但也不要小题大做，只要将蔬果清洗干净，减少潜在的细菌即可。

切块

切块是把食物切成块状的通称，用在不讲究食材形状的时候。制作高汤或酱汁的提香时，“大致切成块状”便是常见的做法，意即切成1～2.5厘米的大小。形状并不重要，重要的是尺寸，这也是切块时要考虑的，切成大块的提香料比切成小块的提香料需要花更多时间才会产生香味。如果切块的食材留在成品中，切小块要比切大块效果好。

滚刀

滚刀适合切长型蔬菜，最后出现的形状是不规则块状。例如，胡萝卜煮熟后，若须随盘端上一起食用，多半会切成滚刀块，如此会有视觉上的美感。滚刀块的切法是将蔬菜先以对角切一刀，再滚到另一对角切一刀，然后再滚，以此类推。

磨

磨是用食物研磨器压成泥的意思。食物研磨器可将淀粉类和食物磨成顺滑的果蔬泥。至于干燥杂类，当然也有专用的研磨工具，但当厨师要求将食物磨成泥时，多半优先使用食物研磨器。

剁成细末

剁成细末是指将食材剁细，而真正的细末是将食材剁到极小，变成无法辨认的碎末。最重要的是，虽然无法辨认，却有一致的形状。剁碎的时候，下刀越少越好，且细末不是碎块。就像在面包上抹上一层大蒜末或红葱头末，抹出形状要一致，才是真正的细末。

除油、脱脂

除油、脱脂是指将高汤、汤品、酱汁中的油脂除去，此工序对于成品的清澈、口感和风味有极大影响，可采取不同方式来处理。高汤除油要用汤勺底部将清油赶到锅的边缘，然后把汤勺稍微压低舀起油脂，顺势舀起的高汤越少越好。高汤除油需趁早，早捞对随油舀去的少量高汤来说，因为煮的时间不够久也不够浓，所以并不珍贵；早捞油，能让油脂乳化到汤里的机会少一些。法式清汤只有少许几圈小油滴浮在表面，用餐巾纸扫过汤面就可除去。焖烧菜几乎都要除油，因为炖菜要先冷却才可提味，凝结成冻是除油最有效的方法。

糖油拌合法

在烘焙技术中，所谓“糖油拌合”就是将糖和油脂打成同一质地，如此会使蛋糕具有细致的质地。此法在西点备料中为

基本法，自成一类。打发的奶油和糖应呈现明亮又有空气感的质地，之后通常会分次加入蛋再打发。

焦糖化

技巧上，糖分子受热、分解，成为另一化合物的过程称为“焦糖化”。纯糖焦糖化时，糖会散发不同色泽及复杂风味。“焦糖化”通常用在食物褐变时，或者也指洋葱或其他蔬菜出水时发生的变化。但在大多数情况下，褐变比较像梅纳反应中焦化的结果，并不完全等于焦糖化。但是焦糖化这个词仍有意义，比起字较多且拗口的梅纳焦化反应，用焦糖化来形容水果、蔬菜经烹煮发生褐变的状况，也并不奇怪。

熟度、完成时间

判断熟度是厨师需要学习的重要技巧，比如烤到何时才算完成、食物什么时候离火，这些很难依赖食谱预测，因为这项技能是经验的总结。训练判断功力，厨师除了观察每项食物、累积经验、了解完成时间外，别无他法。

有些烹肉的火候已明确，比如烤香肠，温度大约是66℃，因此温度计此时可派上用场。把整条烤肋排从温度49℃的烤箱中拿出，状况不同，结果也不一样，还需看烤箱有多热，以及肉在放进去时有多冷。如果你觉得已经烤好了，而把它从烤箱里拿出来，这时候可能已经烤过头了，因为食物有余温，在到达最后温度前的那一刻，烤箱里的肉就已经烤好了。

比起精瘦的烤物，焖烧料理对何时完成的容许范围要广，但如果厨师不小心，仍有做不熟的可能。厨师应该用尽一切感知，判断料理熟度。学着压压看，用触感判别肉是否熟透，这种功夫会熟能生巧。因为

静置是完成料理的重要过程，若说这道菜在还未离火前就算做好，倒不如说这锅料理在静置时才会完成。方便测量优格熟度的小道具为一根细长的针，也称为蛋糕熟度测量器，把它插进肉或鱼的中间，然后放在手腕或下唇下方皮肤下，由里面的温度判别熟度。

烧焦

厨房中很多错误都可以修正、回复、拯救，但只有烧焦无法挽回。烧焦食物的苦涩味挥不去也藏不了，一锅好菜通常就这样毁掉了，只有少数例外。有些主厨会在汤里加上插了丁香粒增味的洋葱，但会留下半颗洋葱放在烤盘或平底锅里烧到带焦色，这是为了加深高汤颜色；用作酱汁的番茄有时候也要带点焦香才好；红椒要焰火烧到焦黑才好去皮。虽然大多数主厨喜欢食物带些焦香，但要注意，如果浓汤或酱汁煮到黏锅底的程度，那么整锅的味道都会受到影响。

浓缩

混合物以小火慢炖慢慢减少水量，如此汤汁风味更集中，浓度也更稠，这个过程叫浓缩。汤、酱、酒、醋等都需要浓缩。经过集中强化的液体称为浓缩液。高汤酱汁在浓缩时，最好把锅的一半拉离火源，如此蛋白质会跑到锅内温度低的一边，捞去浮沫比较容易。请勿将肉底酱汁过分浓缩，煮得太稠的肉酱会变得黏黏的。万一煮得过稠，请记得加水稀释，而不是加高汤。浓缩酒和醋的过程要极慢，不是把水分煮掉，而是以一种加快蒸发的速度加热，保持酒或醋的风味，液体也不会沾在锅边，烧焦了会使浓缩液增加苦味。

湿热法

烹煮食物的主要方法是借由热力，而湿热法的定义在于烹煮温度正好在水的沸点或低于沸点。焖烧、蒸与水煮都属于湿热法，坚硬肉块需要长时间烹煮，软嫩肉类需要快速调理，有些蔬菜也属湿热法的烹调范围。焖烧法一般用在肉质坚韧的羊肉和小牛肩肉，把食材放在汤水里长时间炖煮，熬出结缔组织，把肉煮到软烂，不让它们干柴。鱼的料理方式可蒸，也可用水煮。湿热法可结合干热法成为一种烹调方法，就像焖烧，做法是先将肉过油上色，然后再放在炖汤里焖烧。

热燻法

热燻法即一面烹熟食物，一面用烟热燻的方法。热燻的温度并不高，控制为66℃~93℃，所以食物可以一面温和均匀地受热，一面沾染浓重的烟味。热狗和培根多半以热燻法制作。

锅燻

如果你的抽油烟机功能尚可，可在自家厨房用烟熏锅炉做烟熏料理。烟熏锅炉在许多厨具店都可买到，配上小小的烤盘和烤架就可以操作。自家锅燻只适合不需要太多烟且燻后味道温和的食物，如燻鱼。烟熏其实是很强劲的烹调方法，如猪肉烤好再烟熏，只要一点烟就能发挥很好的作用。同样，因为火源直接，燻锅里的温度非常高，所以必须小心操作，若犹豫不决，太多烟味和热力会毁了一盘好菜。

低温长时间烹调

有些菜肴所需温度低于149℃，甚至有的用50℃左右的极小火炖煮，这些菜色和焖烧料理多半属于低温长时间烹调的范畴。如果你的菜色需要入口即化的软烂效果，多半需要低温慢炖，炖煮时间则看温度高低，2~7小时不等。不管是蛋、鱼、蔬菜或肉都可以用此类方法烹调，但效果各异，真空烹调法是其中最著名的。

真空烹调法

将食物放在塑胶小袋中预备或烹煮，真空法允许食物在极低的温度下烹调，完成其他烹调法做不到的食物质地。在忙碌的厨房中，真空烹调法提供了一扇方便之门，使食物精确地达到所需熟度，且可保存很长一段时间，无须担心变质。但真空烹调法也有缺点，因为烹调的温度很低，食物不带过油或焦糖化的香气，也没有酥脆或不同层次的口感，最后的关键还是在于厨师如何操作真空烹调。但对于厨师来说，这种烹调法可能十分平淡，既没有香气，也没有烹煮时“热闹”的声音。

腌渍

腌渍是一种古老的保存食品的方法，其目的是为防止食品腐败变质，延长食品的食用期。一般根据腌渍材料的不同，可以分为盐渍、糖渍和醋渍等。肉类的腌渍主要是用食盐、硝酸盐或亚硝酸盐、糖类等进行处理，经过腌渍加工成的产品称为腌腊制品，如腊肉、发酵火腿等。果蔬类制品通常用酸性调味料腌渍浸泡，加工出的产品基本都带有酸味。

不同的地区有不同的腌渍秘诀。腌渍食品不仅可以打破食用的季节限制，还有特殊的风味，能刺激食欲，帮助消化，还有去油腻的功效。但由于制作中大量使用糖、盐等调味料，长时间食用腌渍的食物对身体无益。

干腌肉类

所谓干腌肉类，是在腌制过程中一直保持肉类干燥的腌制法。以干腌制成的肉和香肠多半不煮，而是在吃之前才切成薄片，浓重强烈的风味天然自成。在冷藏技术广泛应用之前，干腌技术可确保一大群人的食物供应，现在干腌已被视为高端的工艺技法。肉和香肠进行干腌时，第一步基本都是抹盐，使其脱水，创造不适合细菌居住的环境，防止腐败。通常腌制肉内也会加入亚硝酸钠或硝酸钠，以防止肉毒杆菌中毒。

腌泡

腌泡是指食物借由浸泡软化分解或转化的方法，如葱泡在油脂酱里可以降低刺鼻的辛辣味。糖拌入成熟的莓果中，果子会出水，莓果就像泡在梅汁里腌一样，等到软化变甜就是风味宜人的腌莓子了。

浸渍

浸渍是一种不加实物却取某物味道的方法，例如，想要有罗勒香味，则加入罗勒油，而不是加罗勒叶。香草油就是加入香草与辛香料浸渍的结果；或是熬汤时加入香料袋一起熬，充满香气却不见香料。做甜点时，带甜味的提香蔬菜会泡在牛奶、奶油中，拿出来就是沾有香气的牛奶或鲜奶油味道的食物。

包裹食物

包裹食物为一种料理技巧。可用可食性的食材包裹食物，如莴苣叶、馄饨皮。这是一种既吸引人又美味的方式，也是高明的食物包材技巧。包材也有不可食的，如烘焙纸、香蕉叶，这类包材比较适合用蒸的方式烹调。

冰镇、回味

所谓冰镇是将煮熟的食物隔水降温，以免继续熟化。

回味就是在走味的菜肴或酱汁中加入新鲜食材以恢复原来的鲜味，例如，以高汤为底的酱汁走味了，只要再加入一些高汤和新鲜香草就能提鲜。

静置

静置是指将食物拿出后先放一段时间，等稍微凉了才切开端上桌享用，多用于肉质。将煮熟的肉先放一下是很重要的，因为在静置过程中温度可达一致，肉汁也可以均匀散布到整块肉内。有些厨师建议，食物静置的时间应与烹煮时间相同，而静置的重要性的确与烹煮的重要性相当，且肉块越大越重要，越需要静置久一些。但也有少数例外，如鱼就不可久放，久放只会让汁液干掉。面包和意大利面团需要静置，好让面筋松弛，面团也容易塑形。意大利面团通常放在冰箱静置降温，一方面可让面筋松弛，另一方面也可使酥皮结实。

调味

给予菜肴风味的过程就是调味，而我们总用盐来调味。当然调味也可用其他调味料增添食材风味，常用的如现磨的黑胡椒或醋；也有不常用的，如撒上茴香粉或橘皮粉等。

黏稠度

酱汁和汤品经过调味，确定了汤汁风味，之后还需考虑汤头太浓或太稀的问题。此时还有机会调整，若汤头太浓如糖浆，可加高汤或水稀释，但应该在做菜的各阶段时时注意。事实上，有些主厨认为另外加汤水的动作表示酱汁已经做坏了。酱汁的适当浓度、调味及风味同样重要，特别在以蛋为底的酱汁上，黏稠度没问题即代表大功告成。

时间

在厨房里必须好好安排时间，不仅是烹调时间的调配，而且还有利用时间的方式。无论要做什么事，在厨房里一分一秒都不可以浪费，也就是说，如果只有一个小时，无论有五件事还是二十件事要完成，这一小时都要高效利用。在这些时限中，我们不会注意时间压力，而是关注时间用尽时的对应方式，这对于享受烹调乐趣及自在心情会有较大影响。一般而言，在最后时间完成度越好，越有进步的可能。

温度调节

温度调节的意义在于避免或防止温度剧烈变化，最常见的例子如蛋液的控温调节。如果我们要将蛋与热水混合，刚开始先将少量的热水加入蛋里，然后将蛋液倒回热水中，使两边温度平均，这样的过程可以防止蛋液凝结。还有当我们从冰箱拿出鹅肝酱时，也需要温度调节，让鹅肝酱的温度高一些，鹅肝变软后去掉血管也比较容易。温度调节也是巧克力的制作程序，重复让巧克力的温度缓慢上升再冷却，如此当巧克力变成固态时，不但光泽艳丽，且有爽脆口感；而温度调节失败的巧克力最后会有粗渣子似的口感，还蘸着一层石灰色白粉。温度调节过度的巧克力可用于正式备料，如可给草莓裹上巧克力外衣，或做糖果。

滚煮、沸点

严格来说，只有绿色蔬菜需用滚水煮，而需要削皮的蔬菜、煮白色高汤的大骨，还有意大利面等，都只需用水烫，只是水温要尽可能高。其他多数情况下，高温和剧烈滚动的沸水会让食物外层热得太快，食物因此破裂，会让浮渣乳化回汤汁里，有时甚至连前述高温水烫的情况都是如此，应该警觉大火滚煮的影响。这就是土豆和干豆子需要小火慢煮，而炖高汤的火力只需看到汤面起着微弱的动静的原因。沸点是水滚开时的温度，这是另一项需要注意的内容，可进一步利用，尤其在隔水加热时要特别注意，在沸水里加热，这是确保火力温和稳定的方式。

另外还要注意的是，当食物过油上色时，只要锅里有水，即使很少量，都会让食物无法受热，而水要达到沸点以上的温度，锅里的食物才可煎到起褐变反应。

做菜好吃又营养的技巧

烹调菜肴配料的技巧

烹调时搭配的原料，应该注意数量、质地、颜色、味道等方面相互配合，做到层次分明，不能喧宾夺主，需要有主次之分。

数量配合

数量上需要突出主料，加以辅料。在分量比例上视菜肴而定，如有的菜只由一种原料组成，也就不存在主辅配合的问题了。

质地配合

质地上应该依据原料的性质和烹调方法配合。如主辅料质地相同时，即应脆配脆，软配软；主辅质地不同时，如肉丝是软的，冬笋则应该是脆嫩的。

颜色配合

颜色上要求美观大方、赏心悦目。配合的方法通常有两种：一种是顺色配，即主辅料用同一颜色；另一种是逆色配，即主辅料颜色不同。

菜色配置巧妙合理，装盘上桌后就是一副美丽图案，令人赏心悦目。

口味配合

口味上突出主料，主料口味过浓或者过淡者，可用辅料冲淡或者弥补，做到相得益彰或者相互制约，如羊肉与白萝卜、土豆与牛肉等。如同时做几个菜，还应该注意浓、淡、甜、酸、辣、咸的区分，防止满席一味。

另外，还应该注意形的区分，块、片、丝等配合。

炒菜巧调味的技巧

炒菜时，如用调味酱汁过多，可以加入少量牛奶，能够将味道中和。

炒含铁高的菜的技巧

炒菜最好使用铁锅，因为铁锅的铁元素能够溶解到食物中，经常吃铁锅炒的菜可以防止贫血。但用铁锅炒菜时，最好加点醋，这会使菜里的铁元素明显增多。有关研究表明，铁锅加醋后，铁元素的溶出量可增加几倍。不过铁元素还需要维生素C等还原物质的帮助，才能够转化为人体所需要的亚铁，故用铁锅炒菜的家庭还应该多吃一些含维生素C多的食物。

合理配食吸收铁质的技巧

家畜、家禽、海鲜、谷类等食品中含有比较丰富的铁质，在食用上述食品时，可搭配维生素C或一杯橙汁共用，这样会使铁质的吸收量大大增加。

吃蔬菜和谷类食物时，配一杯白葡萄酒，也会增加人体对铁质的吸收。

炒菜清除毒素的技巧

炒菜时，油烧好后应该先放盐，这样可消除食油中残留的毒素的95%左右。此外，炒菜先放盐还可防止热油飞溅，并保持蔬菜脆嫩和颜色鲜艳。

煮蔬菜留住营养的技巧

蔬菜和肉一起煮时，需要先把肉煮至八成熟后，再放入蔬菜，否则不仅会影响菜的味道，也会使蔬菜中的维生素损失较多。

烹饪菜肴用水的技巧

烹炒肉丝、肉片：除往切好的肉片里加入酱油、葱、姜、淀粉等辅料以外，如果适量加些水搅拌均匀，效果会更理想。炒肉时，待锅内油热时倒入并迅速翻炒，再加入少量水翻炒，并加入其他菜炒熟就可以了。这样，可控制和弥补大火爆炒时肉中水分的损失，炒出来的肉比不加水的柔嫩鲜美。

炸花生米：在炸之前先用水泡胀花生米，比直接干炸好。把泡涨的花生米控净水分，放入烧热的油锅，炸至快硬时改为小火炸至硬脆，立即捞出，再加盐或者糖就可以了。这样炸出的花生米，入口香脆，而且粒大、皮全、色泽油亮。用这种方法还可以炸酥脆黄豆。

炒菜的技巧

炒菜时应该备有荤、素两种食油，炒荤菜放素油，炒素菜放荤油。这样炒出的菜吃起来会使人觉得荤菜比较清淡，而素菜有荤香。

炒菜前，应该把作料备齐。葱、姜要炸出香味。只放盐和鸡精还不够，胡椒能够开胃，糖可提鲜，醋可去腥味，酱油、料酒、大蒜等调料和作料都应该酌情放一些，这叫“五味调和”。

炒菜请别忘了用淀粉勾芡，勾芡可增加菜肴的口感，并保持爽滑。

炒菜减少维生素流失的技巧

急火法：炒青菜需要用急火，不然维生素就会损失很多。大白菜用急火炒8分钟，维生素损失6.2%；用中火炒12分钟，维生素将损失31%；煮20分钟，维生素只能够保留30%；炒后再炖，将损失76%。此外，青菜加热到60℃，维生素开始被破坏；到70℃，破坏最为严重；到80℃以上破坏率反而下降。所以，急火炒能够使得温度很快达到80℃以上，这样能够保存青菜中的维生素。

加醋法：炒青菜时加醋，也有助于保护青菜里的维生素。

使菜脆嫩可口的技巧

加开水法：炒菜时加点开水，炒出来的菜十分脆嫩。

腌制法：在炒黄瓜、莴笋等菜时，把菜切好后撒适量盐腌一下，控去水分后再下锅炒，可使炒出来的菜清爽脆嫩。

水烫法：炒蔬菜时，可将蔬菜用开水略烫一下捞出，放进炒好的肉类主料锅里同炒，这样炒出的菜将会秀色可餐。

两锅分炒法：肉炒蔬菜时，可在另一个锅里炒蔬菜，放入盐，略炒透即倒入已炒好的肉类主料，同炒数下倒出。这样炒的菜味道鲜美。

掌握炒菜每个环节的技巧

炒菜时通常应该先用大火把锅烧热。倒入炒菜的总油量，把油熬熟后盛入不带水的容器中。炒菜时先在热锅内加1匙油，使锅壁均匀地布上一层油。倒入第一个要炒的菜，炒好后再浇一匙浮油，颠翻几下盛入盘中。接下来再倒入适量油开大火炒第二个菜。炒菜过程中应该掌握以下关键点。

热锅冷油：就是说，锅应先热。炒菜时关键需要控制好油温，只要加入制熟的油后摇匀，就可放菜炒。依据炒菜品类的不同来调整火力。

原料排队：一道菜中一般都有几种原料，如有肉、青菜，这时应该先炒一下肉丝捞出，再烧青菜，然后再重新倒入肉丝。原料下锅的顺序要有讲究。

调料预配：炒菜前应该将要用的调味品先配好，以防在炒菜时手忙脚乱，既影响速度，又影响质量。

炒绿叶菜的技巧

焯水法：炒绿叶菜时，若先用水焯一下捞出后再炒，那么炒出来的菜将会保持绿色。

急火煸炒法：如果用急火热油快炒，那么炒出来的绿叶菜营养流失少，且能够保持嫩绿。

做咕咾肉的技巧

先把肥猪肉用水煮熟，切成丁，然后加适量啤酒腌渍约10分钟。

另用啤酒调开面粉，把肉放入粉浆中拌匀后再放入油锅炸。这样制成的咕咾肉皮脆、肉爽，吃起来不腻。用此法炸鱼，效果也很好。

煮肉的技巧

俗话说："羊肉萝卜牛肉茶，猪肉小火靠山楂。"这就是说，煮牛肉时可放茶叶催烂，煮羊肉时应放萝卜去膻，而煮猪肉时需要用小火加山楂以催烂增鲜。

煮肉时应该先把水烧开再下肉，煮出的肉不仅味道美，而且营养好。

煮肉时也可以用小火慢煮。这时水与肉同时下锅加热，煮出的汤营养丰富、味道鲜美。

可把肉和水先同煮一遍，捞出浸于冷水中，待过凉以后再重煮即可煮烂。

煮肉时，一开始不需要加过多的盐及酱油，因为加了盐或者酱油，其纤维就会紧缩起来，这样吃起来会觉得很粗糙，且不软嫩。

去肥肉腻味的技巧

啤酒去腻法：在烹调时加1杯啤酒，可除去肥肉腻味，吃起来会很爽口。

腐乳去腻法：把肥肉切成薄片，加调料在锅里炖，按500克猪肉、1块腐乳的比例，把腐乳放在碗里，加适量温水，搅成糊状，开锅后倒入锅里，再炖3~5分钟即可食用。使用这种方法做出的肥肉再蘸蒜泥，吃起来不腻，而且味道鲜美可口，别有风味。

使肉鲜嫩的技巧

猪肉、牛肉、禽肉用葡萄酒浸泡，肉会变软，保持新鲜，肉烧熟后鲜嫩可口。

不同水温做不同汤料的技巧

用新鲜鸡、鸭、排骨等炖汤，必须待水开后下锅；但用煮腌过的肉、鸡、火腿等炖汤，则需冷水下锅。

做汤团的技巧

汤团一般使用压干水磨粉5000克（成品200个），馅心分为咸、甜两种：甜心以豆沙较多，每5000克粉用豆沙2000克；咸味以鲜肉较多，每5000克粉用肉1500克。先用一部分磨粉拌和，揉成光洁的粉团，然后摘剂，捏成圆锅形，包入豆沙，从边缘逐渐合拢并收口，即成团子。煮时要开水下锅，用手勺推出旋涡，边下边搅，使其不黏结。当汤团浮到水面时，加少许冷水再煮，这时需要减小火力，保持微开，防止烂破、露馅。煮十几分钟，至表面呈有光泽的深玉色时，即可捞起盛碗，每碗4~6个，加清汤，豆沙汤团另用小盘盛白糖蘸吃。南方汤团的特点是皮薄馅大、软糯润滑，但所用米粉一定是水磨细腻的粉，而且要快速压干，以现磨现制者为佳。

熬汤的技巧

熬浓汤时，巧加土豆泥：熬制浓汤的习惯做法是加入一定量的细淀粉，不过这种简单的做法只能节省时间和工序，不能使浓汤更加鲜美。若把新鲜的土豆去皮、蒸熟并捣成土豆泥，然后加入烹制的汤水中，使之融为一体，鲜美效果将大不相同。其实，土豆的块茎内含有大量淀粉，只不过没有经过提炼，原汁原味而已。

熬鱼汤滴奶，肉白汤鲜：熬鱼汤时，向锅里滴几滴鲜牛奶，汤熟后不仅鱼肉嫩白，而且鱼汤更加鲜香。

做汤的技巧

做鱼汤时，先把水烧开再放鱼，鱼汤更鲜美。

做鱼汤时，加几滴牛奶或者啤酒，鱼汤色白，鱼肉细嫩，味道鲜美。

煮肉汤时，先把水烧开后放肉，吃时不觉得那么肥腻。若先把肉放在冷水中，开锅后小火慢煮，肉的养分就会析出到汤里。

煮菜汤时，先把水烧开再放菜，可保持菜中的养分。做汤时，加适量淀粉，可减少汤中维生素的损失。用刚宰杀的鸡做汤应该在水煮沸后放入；用腌过的鸡做汤，一定要冷水下锅。

煮老汤的技巧

老汤是使用多年的卤煮肉的汤汁，时间越长，其含的营养成分、芳香物质越丰富，煮制出的肉食风味越美。第一锅老汤，即煮鸡、排骨或者猪肉的汤汁，汤里要加花椒、大料、胡椒、肉桂等调料，最好不加葱、蒜、酱油、红糖等，以利于汤汁的保存。

煲汤用水技巧

煲肉汤需要一次加足水，而且需要用冷水，并要在熬至将要起锅之前加盐，这样熬出的肉汤浓度好且味道鲜美。因为肉类遇到高温或者加盐煮的时间太长，其表面的蛋白质就会凝固，肉和骨里面的鲜味不易析出；如果中途加水，肉会突然收缩，影响蛋白质析出。

汤中盐放多的补救技巧

当汤做成时发现盐放多了，可以加水稀释。不过，加水在冲淡咸味的同时也将汤的美味冲淡了，且使汤变多，一时难以喝完。若采取如下方法，可在不冲淡汤的美味的同时，使咸味减轻。

土豆去咸味法：如果菜汤过咸，可在汤里放入一个土豆，煮5分钟后，汤就变淡了。

鸡蛋去咸味法：在汤里打入一个鸡蛋，因为鸡蛋可吸收汤里的咸味，尤其在做豆酱汤时，加进一个鸡蛋会使汤的味道更好。

豆腐与番茄去咸味法：可以在汤里放几块豆腐或者番茄片，咸味就淡了。

面粉去咸味法：在一个小布袋里装上面粉，扎紧后放入汤里煮一会儿，就可以吸收多余的盐分，使汤变淡。

制作糊、浆的原料

玉米淀粉

玉米淀粉由玉米加工制成，细白、松散。用作挂糊，经油炸后，色泽纯正，脆硬；用作上浆，经滑油后，色泽洁白，柔滑。玉米淀粉糊化性小，脆性大，成本低，是调制糊浆的上好原料。

绿豆淀粉

绿豆淀粉由绿豆加工制成，细白、松软。用作挂糊，经油炸后，色泽纯正，酥脆；用作上浆，经滑油后，色泽白绿，柔滑软嫩。这是淀粉中最好的一种。

红薯淀粉

红薯淀粉由红薯加工制成，色泽灰白，黏性大，脆性小，是淀粉中质量最差的一种。

菱角淀粉

菱角淀粉由菱角果加工制成，细白，松软，黏性小，脆性小，不适宜挂糊、上浆，用来勾芡效果较为理想。

蛋清

蛋清主要是指鸡蛋清，也是调制糊浆的重要原料之一，一般与淀粉合用，可使制品色泽洁白、松脆或者软嫩、滑润。也可用它调搅成蛋泡糊，制作松炸、软熘等菜肴。

面粉

面粉是制糊的原料之一，主要利用其黏性强的特点，如拍粉拖蛋、挂蛋泡糊、挂面包渣等都需要先沾面粉；表面光滑、易脱糊的原料，或在炸、蒸的过程中容易散碎、脱糊的原料，都需要加入面粉，如制作酥白肉、炸丸子、山东酥肉等。

蛋黄

蛋黄一般同淀粉调和成酥糊，可使油炸的菜肴色泽金黄、酥松。

发酵粉

发酵粉是调制脆皮糊的一种原料，能够使菜肴表皮酥脆。

面包渣

面包渣即为面包的碎屑，主要用于炸制的菜肴，可使菜肴色泽金红、口味酥香。

全蛋

全蛋即蛋清和蛋黄调和在一起，加入淀粉调和成糊浆，用于滑熘、焦熘、煎等烹调方式中，色泽金黄，松脆或软嫩。

炖肉时为什么放蔬菜

猪肉含有丰富的脂肪和蛋白质，但若单独食用，会产生腻口的感觉，影响食欲。蔬菜含有丰富的矿物质和维生素等，吃起来清淡爽口，但没有香味，鲜味也不足。若在炖、焖猪肉时放入适量的新鲜蔬菜，比不放蔬菜要好吃得多，且能够

起到相互弥补各自缺点的作用。炖肉加入蔬菜，吃起来味道鲜美，风味独特，色形美观。

挂霜与拔丝的区别

挂霜也叫翻沙，是在炸好的原料上挂上一层像霜一样的糖粉粒，如挂霜丸子、翻沙芋头、翻沙肉段等。挂霜菜肴熬糖浆的火候与拔丝正好相反，始终用的是小火。观察是否能够使糖浆变霜的方法是：糖浆中的水分基本蒸发了，即由冒大泡转为冒小泡时，马上放入炸好的原料，把锅端离火口，不停地翻勺，待糖浆冷却由液态逐渐变为固态，就如同寒霜一样挂在原料上。为了使挂霜的效果更好，有的会在翻勺挂浆的同时撒入适量白砂糖。

加热前调味的作用

加热前调味又叫基本调味，就是在煎、炸、蒸、酱等菜肴时，在加热之前用调味料先经过腌渍，使之入味，然后再进行烹制，如干炸鱼、炸肉段、干炸里脊、清炸鸡胗、清炸猪肝等。这种调味方法分为两种类型：一种是在加热过程中无法调味的，如清炸鸡胗。但在制作道口烧鸡、德州扒鸡时，如果只靠酱汤煮时入味，滋味不能渗透肌里，只是表层滋味，肉里则淡而无味。另一种是采取用调味料先腌渍十几个小时，再行酱制的方法。制作的灌肠、灌小肚都属于加热前调味。

加热中调味很重要

加热中调味，意思是在菜肴烹制过程中边操作边调味，也叫定型调味。这种调味方法要求烹饪者熟悉菜肴的烹制方法和味型，适时而准确地投放调味料，使得菜肴味道鲜美。这种调味方法全靠烹饪者的理念和经验，调味料投入后基本不能改变，特别是如果调味料放多了，则没有办法收回。所以，烹饪者的技术熟练程度至关重要。

风味 & 口感

酸

在调味工具里，酸的力量仅次于盐，通常以醋和柠檬的形式出现，加在菜肴中可增添清爽香气，也可平衡口味。它对食物的作用极广，也广泛应用在料理中，不管是蛋、豆还是其他蔬菜，厨师主要用酸味来增添风味，只要少许，若隐若现，甚至无须尝到酸味，都具有效果。在煲汤、做酱汁或炖菜时，评估调整酸度的原则须出于调味的适当性，而酸味只是调味的一环。酸是油、醋、酱中不可或缺的成分，无论是淋在沙拉上，或做成西班牙醋腌冷盘都要用到它。厨房中，用酸的功夫可说是最重要的技巧之一。

弹牙

弹牙是形容食物有咬劲，通常指意大利面或意式炖饭。有些人偏好弹牙的蔬菜，而菜要煮到弹牙，绝不能过熟，全熟的蔬菜不会有口感和嚼劲。

香味

香味是重要的味觉成分，所以做好的菜是否香味扑鼻是料理非常重要的部分。香味也是做菜的某种工具和方式，更精确地说，用你的嗅觉感觉厨房内的香气，也是料理的一部分。如果你正在烤大骨、煮高汤，烤大骨的时间应该长到足以烤出有深度且丰富的香味，当你闻到烤鸡或小牛骨架的完美香味时，料理就完成了。久而久之，你会开始分辨一些微妙的特殊香气，无论是烤饼干、烘坚果，还是烤一只鸡，完成后请判别它是否弥漫特殊香气，香气是否持久。你的嗅觉会帮助你成为更好的厨师。香气能带来快乐，请不要忽视它，要正视它、享受它——享受裹上了粉的肉在热油里冒出的焦香，享受排骨在焖烧数小时后的浓香。

风味

风味是料理元素中的关键一项，其他料理元素包括厨艺、熟度、调味、口感及摆盘，但这些元素最终都是为了支持风味而存在。回归本质，食物好不好吃才是最重要的。

闻味道

闻味道是做菜与用餐时最重要的感觉之一。除了极少数以外，食物都需要有香气，香气也是是否烧好菜的第一个信号。

味觉

整个料理过程都与味觉息息相关，菜肴味道更是厨师技术最重要的呈现。厨房里有句经典名言——“做菜首重味道”，可见料理过程中食物味道有多重要。

试味道

很多食谱都提示“加点味道试一下”，此时多指在菜里加点盐和胡椒再试试味道。放在盘里的东西各色各样，很难建议精准的味道，所以倒不如靠厨师自己试味道，看看到底“调味食材”是否加得够多。每次加一点儿，试试味道，再思考一下：是不是还需要更多的盐？是甜味不够，还是酸气不足？要多加点儿提香蔬菜，还是加一点儿有酸味的食材，以增加风味深度？要小心干辣椒这类味道强烈的食材，因为影响太大，最好一面放，一面尝味道。总之，“做菜首重味道”，这是烹饪的金玉良言。

感觉

在厨房中感觉是最重要的“工具”，全神贯注，小心注意，看到的、听到的、尝到的、摸到的、闻到的，全部要记在心里。仔细听食物发出的声音，烹煮各种不同食物时的声音就像歌声。注意厨房弥漫的香气、气味的细微变化，是新鲜的味道还是腐败的臭味。不同熟度的食物气味不同，有的甚至有烧焦的味道；还要注意食物的质地和弹性。未熟的肉与过熟的肉感觉如何？面团和还没熟的番茄如何区别？肉的颜色太白了吗？没煎好，还是煎得太焦，变得又黑又苦？酱汁浓缩好还是焦化好？浓缩奶油时，奶泡要多大才好？这些都是厨房中的各种感觉，身为好厨师都应该感觉到。

血

血水可以是有害的，也可以是有用的。在做高汤或炖汤时，血水变成的浮渣要捞掉。通常在烹煮过程中，血水会很快凝结并浮到表面，但到了快煮好时，血水可加在酱汁里，使汤汁浓稠，也可增加风味。血是某些香肠的主要材料，这种特殊的香肠十分细致，质地像卡仕达酱，有着丰富浓郁的风味，即血肠。

第三章

精选食材和调味料，是成就美味的关键

我们吃东西主要吃的是食材本身的口感及味道。因此，我们首先得认识食材和各种调味料。琳琅满目的调味料，我们要怎样使用才能让搭配的食材更好吃呢？多种多样的食材，如蔬果、肉类、蛋类等，要怎样制作才最美味呢？相信学习了本章的内容后，你的疑问会得到解答！

蔬菜水果

胡萝卜

胡萝卜是基本的提香蔬菜，因为甜而用在无数菜肴中。传统的调味蔬菜是四色提香料的组合，胡萝卜就是其中一色。大多数高汤、炖汤或基本汤品都会用到它，几乎所有汤品加了胡萝卜都会更美味。若用胡萝卜当基本食材——做极佳的菜泥汤，裹汁，烧烤、焗烤等做法都很适合，最好买整束胡萝卜，即带着胡萝卜缨的，这样的胡萝卜会更新鲜，品质也更好。

挑胡萝卜要选“颜值高”的

挑选胡萝卜必须看“颜值”：仔细观察胡萝卜的外表有没有裂口、虫眼等，主要挑外表光滑、没有伤痕的。颜色应为自然而光亮的橘红色，如果有叶子连在一起，要看叶子是否翠绿新鲜。

根部细的胡萝卜味道甜

胡萝卜的滋味会因为品种的不同而有极大的差异。如果喜欢味道偏甜的胡萝卜，最好挑选根茎部分切口纤细的品种，根部越细，胡萝卜的芯越细，味道也就越甜。如果想知道某种胡萝卜的味道好不好，可挑选一根生胡萝卜切开，如果切面连心部都红得彻底，并能闻到胡萝卜独特的香气，这种胡萝卜无论做何种菜品都会很美味。

胡萝卜洗、切要点

食盐清洗法：将胡萝卜在加了食盐的水中浸泡10~15分钟，捞出用清水冲洗干净，即可进行加工。

毛刷清洗法：用软毛刷刷去泥沙和残余的杂质，用清水冲洗干净，再刮去表皮，就可以改刀烹饪了。

胡萝卜经常加入其他食材一起炖煮，这时应把胡萝卜切成滚刀块，耐炖煮，而且小火慢炖后，食材味道互相融合提味，会更好吃。

1.将胡萝卜横放在砧板上，将菜刀悬于胡萝卜上方，与胡萝卜中心线的方向成约45°夹角，垂直向下入刀，切下一块。

2.在砧板上沿着胡萝卜中心线的方向向着身体一侧翻转45°。

3.按照刚才的方法，使菜刀与胡萝卜中心线形成45°夹角，垂直切下一块。

4.如此重复，从右向左，一边旋转胡萝卜一边切下滚刀块。刀口位于刚才切口的2/3处，切出的形状会比较美观。

用胡萝卜头擦锅盖

1.在锅盖有油污的地方滴上洗涤剂。

2.用胡萝卜头来回擦拭。

3.用湿抹布抹干净。

胡萝卜炒着吃才营养

胡萝卜含有丰富的β-胡萝卜素，在人体内可以转化为维生素A，但是二者只溶于油，所以胡萝卜要用油烹制，这样营养才会充分吸收。

胡萝卜去皮窍门

可以将胡萝卜整条放进水中煮一下，然后放在水龙头下，借水的冲力把皮去除，不留一点儿残皮。

白菜

优质白菜这样选

买白菜时，可根据外形、颜色、重量、硬度来判断其品质优劣。

1.观外形：看根部切口是否新鲜水嫩。

2.看颜色：翠绿色最好，越黄、越白则越老。

3.掂重量：整颗购买时要选择卷叶坚实、有重量感的，同样大小的应挑选更重的。

4.摸硬度：拿起来捏捏判断是不是实心的，里面越实越老，所以要买蓬松一点儿的。

白菜冬储小窍门

在购买白菜时，一定要保留外面的部分残叶。因为在白菜保存时，这些残叶可以自然风干，成为保留白菜里水分的一层“保护膜”。所以，在储存白菜时发现有干叶也不要轻易除去。此外，不要用纸张、塑料膜等物品单独包裹白菜，这样容易加速白菜的腐烂。一般把白菜摆放在阴凉通风的地方，固定一段时间后，上下倒一下，使这些白菜能“呼吸”顺畅。如果有条件，尽量把白菜摆放在室外或远离居室的单独房间。

白菜的外叶、内叶和菜心，你知道如何吃吗?

一颗完整的白菜可分为坚韧的外叶、柔软的内叶和菜心三部分，因质地、鲜嫩不同，它们的健康吃法也有所差异。

外叶适合炖煮和快炒，比如火锅和清蒸。

内叶柔软，是营养最多的部分，假如足够新鲜，适合做成生吃的沙拉。

菜心生吃、快炒和炖煮都可以，烹调方法多样。

白菜这样清洗

白菜的最好清洗方法是用食盐水或者淀粉水浸泡之后清洗。

1.食盐清洗法：将白菜一片片剥下来，放在食盐水中浸泡30分钟以上，再反复清洗即可。

2.淀粉清洗法：将白菜浸泡在清水中，可在水中放适量的淀粉，搅拌均匀之后浸泡15~20分钟，捞出之后用清水冲洗2～3遍即可。

快速腌制酸白菜的窍门

选择1500克左右体小整齐的白菜，用干布擦去表面的浮土，去掉外层的枯叶和根须，取一个大小合适的盆或缸，把白菜整齐地摆好，用力压实后浇上滚开的热水（水要淹过白菜3~5厘米），上面压一块石头，放置在气温10℃~20℃的地方，3天后即可食用。

土豆

土豆种类繁多，以皮作为区分的重点。烘烤用的土豆皮脂粗厚，皮色赤褐；而皮质较细滑的土豆多用来烹煮。两者相比，粗皮土豆的淀粉含量更高。但无论皮质粗细，烹煮方式都较随意，只是口感有些不同。一般来说，淀粉含量高的土豆以干热法烹烧最好，而淀粉含量低的薄皮土豆适合湿热法。如两者都用烤的，就会发现粗皮的烤土豆肉质较松，而薄皮土豆肉质紧实。若要做煎炒菜色，粗皮土豆更适合。如同样用煮的，粗皮土豆适合做土豆泥而不适合做切片，如果切片就会散开；而薄皮土豆适合切片而不适合做土豆泥，如果将薄皮土豆压成土豆泥，就是黏糊糊的一团，所以各有所用。煮厚皮土豆时，最好连皮直接用冷水煮，如此可以把土豆煮透，外层也不会因为煮过头而散开。同时，不可让煮土豆的水一直开，滚水对土豆不好，会将土豆煮过头，用小火微滚的水就足够了。

黄皮土豆口感好

购买土豆时最好挑黄皮的土豆，黄皮土豆外皮暗黄，内呈淡黄色，淀粉含量高，含有胡萝卜素，口味较好。同时还要注意，皮层变绿和发芽的土豆不要购买和食用，因为其中含有的龙葵素有毒性，加热也不会被破坏，吃了容易导致食物中毒。

土豆去皮小窍门

先把土豆放在水龙头下，将水开成一小股冲着，用清洁球（不锈钢丝团）带水稍用力擦，一边擦一边冲，即可轻而易举地把土豆表皮全部擦掉，而基本不损失肉质部分。提醒一下：不要用太陈旧的清洁球，以免把金属屑留在土豆上。

土豆贮存小窍门

土豆喜凉，贮藏的适宜温度为1℃~3℃。温度太低易冻伤，而温度过高则容易发芽。需要将土豆阴干表面水分，放入纸箱中，置于阴凉干燥处保存。为防止土豆发芽，可把完好无损的土豆用水浸泡10~15天，而后取出晾干（不可晒干）。为防止土豆腐烂，可在贮存土豆的纸箱内放上几个苹果，因为苹果自身散发出乙烯气体，可使土豆保持新鲜不腐烂。

土豆烹饪小技法

1.将新鲜的土豆洗净后放入热水中浸泡一下，再放入冷水中，可很容易削去外皮。

2.土豆要用小火烧煮，才能均匀地熟烂。若急火烧煮，外层会熟烂甚至开裂，而里面却是生的，从而影响口感。

3.粉质土豆一煮就烂，即使带皮煮也难保持完整。如果用于冷拌或做土豆丁，可以在煮土豆的水里加些腌菜的盐水或醋，这样能保持土豆煮后的完整性。

土豆去皮后要防止变色

土豆切开变黑不是因为淀粉氧化，而是土豆中的酚类氧化。当土豆削皮后，植物细胞中的酚类物质便在酚酶的作用下，与空气中的氧气化合，产生大量的醌类物质，新生的醌类物质能使植物细胞迅速地变成褐色，这种变化称为食物的酶促褐变。

控制土豆变色的简便办法是，把去皮的土豆立即浸在冷开水、糖水或淡盐水中，使之与空气隔绝，以防止植物细胞中酚类物质氧化；或者水中滴几滴醋，可以

使土豆洁白。不过，从保留土豆营养成分的角度来说，去皮土豆不宜浸泡过久。

巧用土豆皮去除保温杯上的污垢

保温杯、铝壶或铝锅使用一段时间后，会结有薄层水垢。将土豆皮放在里面，加适量水烧沸，煮10分钟左右，即可除去水垢。

炸土豆片的窍门

先将切好的土豆片放在水里煮一会儿，使土豆片表面形成一层薄薄的胶质层，然后再用油炸。

洋葱

如何选购洋葱

选购洋葱时，可根据外形、颜色、硬度来判断其品质优劣。

观外形

洋葱表皮越干、越光滑越好。洋葱球体完整、球形漂亮，表示发育较好。还要看洋葱有无挤压变形，如果损伤明显，则不易保存。

看颜色

可以看出透明表皮中带有茶色纹理的为优质洋葱。看清楚洋葱表面黑的部分是泥土还是已经发霉。

摸硬度

用手轻轻按压洋葱，感觉软软的，表示可能已发霉，较不易储藏。

洋葱贮存小窍门

洋葱的存放：将网兜或者废旧的尼龙袜洗净晾干，把洋葱装入其中，用绳扎紧口，吊于阴暗通风处，可防潮、防腐。

如何切洋葱不流泪

1.把洋葱浸泡在凉水里几分钟。剥开洋葱表皮，在水里浸泡一会儿，再切洋葱就不会流泪了。

2.把洋葱放入微波炉里加热45秒钟。微波炉发射出来的电磁射线会分解洋葱中引起流泪的化合物。

3.用柠檬汁擦拭刀片。柠檬的成分会与洋葱的一些成分发生化学反应，可以让切洋葱的人不再流泪。

4.咀嚼口香糖。当嘴里有口香糖时，会不自觉地用嘴呼吸。此时切洋葱，鼻子吸入的刺激气体就会相应减少，能在一定程度上避免流泪。

洋葱炖肉能消除油腻感

吃炖肉、喝高汤，虽然美味，但肉的油腻感往往让人不敢多食。如果搭配少许洋葱一起炖汤，就能消除油腻感。而且洋葱还可以刺激消化道，促进消化液分泌，消除肉腻的同时还能帮助消化，一举多得。

包菜

包菜如何清洗干净

包菜不宜直接用清水清洗，因为菜叶上有很多化肥、农药残留，最好的方法是用淡盐水浸泡之后再清洗。

1.将包菜切开，放进盐水中浸泡15分钟。

2.把包菜冲洗干净，捞起沥干水即可。

如何挑选包菜

包菜以平头型、圆头型的质量为好，这两个品种菜球大，也比较紧实，心叶肥嫩，出菜率高，吃起来味道也好。相比之下，尖头形较差。在同类型包菜中，应选菜球紧实的，用手摸上去越硬实越好，同重量时体积小者为佳。如果购买已切开的包菜，要注意切口必须新鲜，叶片紧密，握在手上感觉较沉实。

炒包菜好吃的秘诀

1.将包菜洗净，撕成一片片的，甩干水分，这样炒的时候才不会在锅里产生多余的水分，影响包菜的口感。

2.加入包菜后用大火翻炒，这样菜叶才会均匀受热，不会有半生不熟的感觉。

3.炒到包菜断生就可以加盐调味了，包菜开始出水时说明已经稍微炒过头了。

4.在淋醋的时候记得把醋浇在锅的四周，这样醋遇高温会瞬间产生香味，让包菜更好吃，也能保护包菜里的维生素。

5.在炒包菜的时候还可以加一小勺料酒增香，加一点儿白糖增鲜。

莲藕

如何选购优质的莲藕

藕节间距大、藕节粗而短的莲藕口感更好。买莲藕时，可根据外形、颜色、通气孔来判断其品质优劣。

看颜色

莲藕的外皮应该呈黄褐色，肉肥厚而白。如果莲藕外皮发黑，有异味，则不宜购买。

看通气孔

如果是切开的莲藕，可以看看莲藕中间的通气孔，通气孔较大的较好。

观外形

藕节之间的间距越大，代表莲藕的成熟度越高，口感更好；尽量挑选藕节较粗而短的莲藕，这样的莲藕成熟度高，口感好。

莲藕的保存方法

莲藕如果存放在常温状态下，不能储存很久，为了更好地保存，可采用冰箱储存法、净水储存法。

冰箱储存法：将莲藕直接用保鲜袋装好后放在冰箱冷藏室中储存，可保存一周左右。

净水储存法：将莲藕洗净，从藕节处切开，使藕孔相通，放入凉水盆中，使其沉入水底。置盆于低温避光处，夏天1~2天、冬天5~6天换一次水，这样夏天可保鲜10天，冬天可保鲜一个月。

脆藕和粉藕如何辨别

莲藕从口感上分为脆藕和粉藕两种。脆藕口感爽脆，吃起来带有藕断丝连的感觉；粉藕吃起来很“面”，淀粉含量多，有少许土豆的口感。区分脆藕和粉藕可从以下几个方面入手。

1.一般来说，短粗圆润、个头较大的是粉藕，又细又长、个头小巧纤细的大多为脆藕。

2.粉藕一般颜色较深，脆藕则颜色发白，但注意颜色太白的可能是漂白过的。

3.粉藕表皮比较粗糙，麻点较多，而脆藕则光滑很多。

鲜藕去皮的小窍门

鲜藕做菜需去皮，但用刀削皮往往薄厚不匀，削过皮的藕容易发黑。若用金属丝的清洁球去擦，可擦得又快又薄，就连小凹处都能擦得干净，去皮后的藕还能保持原来的形状，既白又圆。

香菇

如何选购质优的香菇

购买香菇时，可根据外形、颜色、硬度来判断其品质优劣。

摸硬度	看颜色
选购干香菇时应选择水分含量较少的。手捏菌柄有坚硬感、放开后菌伞随即膨松如故的香菇质量较好。	菇面向内微卷曲并有花纹，颜色乌润，菇底以白色的为最佳。

观外形

主要看形态和色泽以及有无霉烂、虫蛀等现象。香菇一般以体圆齐整、杂质含量少、菌伞肥厚、盖面平滑为好。按照菌盖直径大小的不同，可分一级、二级、三级和普级四个等级，其中一级香菇的菌盖直径在4厘米以上。

新鲜香菇久放小妙招

新鲜香菇不耐放，放久之后菇伞就会打开，冒出黑斑。假如没把菇伞朝下、菇蒂朝上保存，孢子就会掉落，发黑得更快，香菇的滋味会迅速下滑，因此要尽快用完。

有些人会把剩下的香菇连袋子一起放进冰箱的蔬果室保存，这是非常不可取的，香菇放在袋子里会发黑。假如没有一次用完，要摊在过滤网中，在日光下照射。只要将香菇晒到半干（外面干燥，里面稍微残留水分的状态）再冷冻，就能保存将近一个月还留有鲜味。

干香菇的清洗

1.将干香菇放入大碗中，倒入温水，泡发15~20分钟。

2.用筷子来回不停地搅动清洗，将香菇捞出，放进另一个碗里，加入适量淀粉。

3.倒入适量清水，搅拌均匀，用手指搓洗香菇，之后用清水清洗，沥干即可。

如何吃香菇

香菇又称香蕈，是一种含特异芳香物质鸟嘌呤的食用菌，有“菌中皇后”之美称，以檀香树上所产的香味最浓。过去香菇只分布在浙江、福建、安徽、江西一带，现在全国大部分地区都有栽培，常年应市。

香菇既可单独制成菜肴，又可作为高级菜肴的配料，适宜拌、炝、炒、烧等多种烹调方法。如能将香菇与猪里脊相配、香菇与冬笋合成烹调、香菇与菜花同烧，使其相互渗透，则滋味更佳。如用香菇打卤拌面条，味道胜过元蘑。

以香菇里脊为例。香菇去蒂切片，放入沸水锅内焯一下。把猪里脊切成片，用湿淀粉上浆、滑油，勺内放底油烧热，用葱、姜、蒜炝锅，添汤，加盐、酱油、料酒和少许白糖，再将香菇、里脊片放入，烧开后用湿淀粉勾芡，翻炒均匀，淋少许明油装盘即可。

番茄

番茄是沙拉或三明治的标准配菜。也可等熟透了，先切片，再放盐，少许调味即食，事实证明越单纯的越美味。番茄也是万用食材，可给无数菜色增加甜味、酸香和颜色。用于高汤，特别是褐色高汤，多半会加番茄糊，不管生的或熟的都可以，而这样的番茄糊称作汤用番茄糊，对于成品十分关键。它们也是常备酱底，依照番茄做生的、煮熟的、烟熏的种种料理程序，可发展出不同的衍生酱汁。甚至去掉番茄肉，剩下的丰富果汁也可作为风味强烈的调味酱汁。有关番茄的基本须知不多，但品质差异很大，选购时要注意。请勿将番茄放在冰箱里，将有损它的风味。番茄可切片或切碎，早些撒盐较好，能增强番茄的风味。

如何选购番茄

购买番茄时，可根据外形、颜色、重量来判断其品质优劣。

观外形

番茄一般以果形周正，无裂口、虫咬，圆润、丰满、肉肥厚，心室小者为佳，不仅口味好，而且营养价值高。

看颜色	掂重量
宜挑选富有光泽、色彩红艳的番茄，不要购买着色不匀、花脸的番茄。有蒂的番茄较新鲜，蒂部呈绿色的更好；反之，如果蒂部周围是棕色或茶色的，那就可能是裂果或部分已腐烂了的。	质量较好的番茄手感沉重，若个大而轻，说明是中空的番茄，不宜购买。

番茄储存的小窍门

挑选果体完整、品质好、五六分熟的番茄，将其放入塑料食品袋内，扎紧口，置于阴凉处，每天打开袋口一次，通风换气5分钟左右。如塑料袋内附有水蒸气，应用干净的毛巾擦干，然后再扎紧袋口。袋中的番茄会逐渐成熟，一般可维持30天左右。

切番茄的窍门

切番茄时，需要先搞清楚番茄表面的纹路，然后依着纹路切下去，能够使切口的籽不与果肉分离，番茄汁也不会流失。

别有风味的腌渍番茄

腌渍番茄的做法很简单：先准备番茄 4~6等份，洋葱切薄片，接着用带点甜味的沙拉酱（将油与醋以2：1的比例混合，撒上少许盐和胡椒，再把分量为油的1/5的砂糖放进去）腌渍番茄和洋葱，在番茄的酸味调剂下，隔天就能享用美味了。

番茄也能烤着吃

夏天里用烤箱烤的番茄不失为一款应季菜肴。取适量新鲜番茄，切成两等份，分开摊在耐热容器中，撒上适量的盐、胡椒、干燥罗勒、橄榄油以及芝士粉，用200℃烤 15~16 分钟，烤至恰到好处的金黄色即可。

番茄去皮小窍门

1.烤。将番茄的底部插一个叉子，放在火上烤10秒钟左右，番茄的外皮就会开裂。稍微冷却几秒钟后，用手撕去外皮，撕掉的外皮很完整。

2.煮。锅中倒入清水，大火煮开后放入番茄煮20秒左右，要用勺子不断地给番茄翻转，以便番茄所有的部分都可以被开水烫到。或锅中多放一些水，没过番茄。

捞出后，冷却1分钟，再撕掉外皮，但手还是略感微烫，而且不容易拿住，在撕皮的过程中，番茄有些滑。

3.刮。用勺子刮也是一种方法。勺子的选择比较重要，勺子的边缘不能太薄，也不能太厚。例如，用铁皮勺子刮，番茄很容易破；但如果用喝汤的白瓷勺，勺子边缘又太圆滑，会很费力。

经常吃番茄可防治冠心病

番茄是我国普遍种植的大众化蔬果之一，经常吃番茄能够增加体内所需要的维生素C、B族维生素以及钙、磷、铁等营养素，且对机体消化、增强青少年记忆、止血以及防治高血压等大有好处。

科学家发现，经常吃番茄还有减少体内胆固醇的功效。科学家发现，番茄中的“番茄素”和纤维具有结合人体胆固醇代谢产物生物盐的作用。根据研究，这种“生物盐”在消化道中起到分解肠内脂肪的作用，当人们摄入番茄中的番茄素及其纤维素与“生物盐”反应结合后，会转入直肠，及时排出体外。“生物盐”由此减

少，立刻由体内胆固醇加以代谢来及时补充盐，以达到它们之间的动态平衡，因此血液中的胆固醇含量便会减少。这种反应在人体内发生频繁，对防止人体动脉血管硬化、防治冠心病的发生大有好处。

茄子

如何选购茄子

购买茄子时，可根据外形、颜色、重量来判断其品质优劣。

观外形

茄子以果形均匀周正，无裂口、腐烂、锈皮、斑点为佳品。

掂重量

茄子拿在手里，感觉轻的较嫩，感觉重的大都太老，且籽多，口感差。

看颜色

选购茄子一般以深黑紫色、具有光泽、蒂头带有硬刺为最新鲜， 反之带褐色或有伤口的茄子不宜选购。

茄子储存小窍门

茄子的表皮覆盖着一层蜡质，不仅使茄子发出光泽，而且具有保护茄子的作用，一旦蜡质层被冲刷掉或者受机械损害，就容易受微生物侵害而腐烂变质。因此，需要保存的茄子一般不能用水冲洗，还需要防雨淋、磕碰、受热，并放在阴凉通风处。

烹调茄子不变色的小技巧

茄子在烹调过程中很容易变色，影响品相，接下来教大家几个茄子不变色的小技巧。

1.过油法：茄子在烹调前放入热花生油中稍炸，再与其他材料同炒，便不容易变色。

2.加醋法：炒茄子时加点醋，可使炒出来的茄子不黑。

3.撒盐法：炒茄子时，先将切好的茄子加盐拌匀，腌15分钟左右后，挤去渗出的水，炒时不加汤，反复炒至全软为止，再加各种调味品即可。

消除涩味是烹调茄子的关键

茄子是涩味强烈的蔬菜，切口接触到空气就会发黑，即使煮或蒸，带有涩味的成分也会残留下来，因此消除涩味的步骤非常重要。茄子剖开后要立即在盐水中泡5~6分钟，这样能有效消除涩味。除此之外，加盐搓揉也是消除涩味的好办法。

假如茄子要整条煮或炸，或是剖开后油炸，就不需要泡水。油炸茄子时必须做好热油的步骤，假如没有泡水，油就不容易溅出来，可放心油炸。

炸茄盒的小窍门

油炸茄盒时，把茄盒生胚裹匀面糊，面糊里除加盐和味精外，最好加少量苏打粉，这样炸出来的茄盒光滑、蓬松、香脆！

烧茄子好吃又省油的小窍门

1.茄子不要切得太大，如切条要细些，切片要薄些，切块要小些。

2.烧制前把切好的茄子用盐腌一下，使水分浸出，再下锅。

3.锅烧热后先将茄子放入干煸，减少水分后再用油煎炸。

黄瓜

如何选购黄瓜

购买黄瓜时，可根据外形、颜色、重量、硬度来判断其品质优劣。

看颜色

挑选时应选择新鲜水嫩的，颜色深绿色、黄色或近似黄色的为老瓜。

观外形

应选择条直、粗细均匀的黄瓜。一般来说，带刺、挂白霜的为新摘的鲜瓜，瓜鲜绿、有纵棱的是嫩瓜。肚大、尖头、细脖的畸形瓜，为发育不良或存放时间较长而变老所致。

掂重量

可以用手掂一掂重量，相同大小的应选择重的，这样的黄瓜才不是空心的。

摸硬度

挑选新鲜黄瓜时应选择有弹性、较硬的。瓜条、瓜把枯萎的，说明采摘后存放时间过长。

黄瓜的保存方法

冰箱冷藏法

保存黄瓜时，将表面的水分擦干，再放入保鲜袋中，封好袋后放冰箱冷藏即可。

塑料袋装藏法

用小型塑料食品袋装好，每袋1~1.5千克，松扎袋口，放入室内阴凉处，夏季可贮藏4~7天，秋冬季室内温度较低，可贮藏8~15天。

盐水保鲜法

在水池里放入食盐，将黄瓜浸泡其中。3~5天换1次水，黄瓜在18℃~25℃的常温下可保存20天。

生吃黄瓜的注意事项

1.不宜生食不洁黄瓜，吃之前一定要先洗干净，可以用盐清洗。

2.不宜吃太多，加醋可让营养更平衡。

3.不宜多食，不与辣椒、菠菜、花菜、小白菜、番茄、柑橘同食。

自制开胃的酸辣黄瓜

1.将黄瓜剖为两半，挖去芯，切成7厘米的段，再切成条，用盐腌渍半小时，然

后挤去水分，放碗里加糖、醋。干辣椒切成段。

2.锅烧热加油，放入干辣椒、花椒，炸香捞出，加入芝麻油，将其浇在黄瓜上，再腌渍7~8小时后取出装盘。

黄瓜味苦不担心

黄瓜又名“胡瓜”或“刺瓜”，色泽碧绿，脆嫩清香，生、熟皆可食用。但是黄瓜有时会有苦味，黄瓜含有的苦味物质是葡萄糖苷，这种苦味物质对人体无害。除了与品种有关外，一般黄瓜秧老或根部遭受破坏，以及生长时气温高、湿度大等，都会使黄瓜产生苦味。

姜

如何选购生姜

买生姜时，可根据外形、气味、硬度来判断其品质优劣。

观外形

挑选生姜时别挑外表太过干净的，表面平整就可以了。选购嫩姜时，要选芽尖细长的。中心部位肥胖的，中看不中吃，丝毫没有嫩姜清脆、爽口的特点。

闻气味

可用鼻子闻一下姜，若有淡淡的硫黄味，千万不要买。

摸硬度

用手捏，要买肉质坚挺、不酥软、姜芽鲜嫩的姜。

烹调中姜的选用

1.作为配料的姜，多选用新姜，一般切成丝、片等。如姜丝炒肉，要用新姜与青红辣椒丝、肉丝同炒。

2.在炖、焖、煨、烧、煮等烹调方法中，一般选用加工成块状或片状的老姜，主要是取其味，菜烧好后弃去。

3.把姜切成米粒状，则称姜米。姜米入菜或做调料，具有起香增鲜的功效。如螃蟹、松花蛋的调料中，就要加入姜米。

4.水产、肉类、蛋类腥膻味较浓，既要去腥增香，又不便与姜同烹，如鱼丸、

虾球、肉丸、鸡茸等，就需要用姜汁来烹调。

如何清洗生姜

生姜表面凹凸不平，仅用清水难以清洗干净，可采用搓洗法。

1.将生姜放进大碗里，加入适量的清水。

2.一只手握住生姜，另一只手用洗碗布搓洗。

3.把生姜放在水龙头下冲洗，沥干即可。

生姜的用途

研究证明，生姜含姜辣素、芳香醇、姜烯、水芳烯、莰烯、氨基酸、烟酸、柠檬酸、抗坏血酸、蛋白质、脂肪、硫胺素、胡萝卜素、粗纤维素及钙、铁、磷等，具有较高的营养价值。生姜具有特殊的辣味和香味，可调味添香，是生活中不可缺少的调配菜，可做腥味较强的鱼肉之调配菜，可生食、熟食，可腌渍，可加工成姜汁、姜粉、姜酒、姜干，可提炼制作香料的原料。

姜可清除菜刀上的异味

菜刀如果有异味，可用生姜擦一下，异味即可去除。常用生姜片擦拭菜刀还可防锈。

葱

如何选购葱

购买葱时，可根据外形、颜色来判断其质量的好与坏。

1.观外形：选葱白粗细匀称、硬实无伤的大葱，不要选过于粗壮或纤细的大葱，比大拇指稍微粗些正好。

2.看颜色：葱叶颜色以青绿的为好。

葱的清洗与保存

葱不宜直接用清水清洗，因为上面很可能有农药、化肥残留，比较合理的方法是用淘米水浸泡清洗。

1.葱放在盆中，先用流水冲洗。

2.盆中注满水后，将葱浸在水中，将表面污渍清洗干净，将葱的根部摘除。

3.将葱放在流水下，搓洗尾部，摘去老叶。

4.将葱浸泡在淘米水中10～15分钟，用流水冲洗后，沥干水即可。

葱在烹调中的灵活运用

一般情况，葱加工的形状应与主料保持一致，应该稍小于主料，但也要视原料的烹调方法而灵活运用。如红烧鱼要求将葱切段与鱼同烧；干烧鱼要求将葱切末和配料保持一致；清蒸鱼只需把整葱摆在鱼上，待鱼熟后拣去葱，只取葱香味；氽鱼丸要把葱浸泡在水里，只取葱汁使用，以不影响鱼丸色泽；烧鱼汤一般是把葱切段，油炸后与鱼同炖，因为经油炸过的葱，香味很浓，可去除鱼腥味，汤烧好后去葱段，其汤清亮不混浊；葱茸泥或葱汁，主要用于凉菜和冷盘的味汁调配，用以获得清香的葱油味。

橙子

如何选购橙子

买橙子时，根据外观、颜色、重量、硬度等可以判断其品质优劣。

观外形

以大、中个头的橙子质量较好，果肉营养充足，味道鲜甜。基本上，优质的橙子表皮的皮孔相对较多，用手摸起来会觉得手感粗糙。

看颜色

品质优良的橙子，皮橙黄、光滑、新鲜、清洁。也可以用纸擦一擦，如果是好的橙子，可以发现纸的颜色不会有什么变化；如果是处理时加了色素的橙子，一擦皮就会褪色，纸也会沾上颜色。

摸硬度

用手轻压表皮，弹性好说明皮层轻薄，果肉饱满，好吃一些。也可以看表皮的结构，细致的皮薄，粗糙的皮厚。

掂重量

用手掂一掂，单个橙子重的水分多，好吃；轻的水分少，不好吃。

剥橙子的两种方法

1.取一个橙子，将外皮洗净，在中间划开一圈，注意不要划得太深，把勺子沿

刚才划开的缝插进橙子中，然后一点一点地把橙子肉和皮分开。注意千万别把勺子往橙肉里扎。

2.将橙子头尾切去，用刀从中间把皮切断，不要切到橙肉，将橙子展开，然后再稍做整理，橙肉就会“排排坐”，等你来享用啦。

橙子可以解油腻

橙子中富含有机酸，有促进消化的作用，再加上大量的纤维素和维生素，可以帮助食物消化，促进排便，将人体内部积聚的毒素排出体外。食用过于油腻的食物后，适量吃些橙子能大大缓解肠胃不适。

剥橙皮的小窍门

1.把橙子放在桌上，用手掌来回揉搓，然后再剥，皮和肉就分开了。

2.用小刀切入橙皮0.5厘米，划四道刀痕，再在橙子的十字刀痕交接处轻轻挑出四块皮，把皮剥开就能吃了。

3.用一个钢勺把橙子蒂部挖掉，挖一个比勺子略大的圆，然后把勺子贴着橙子皮插进去（勺子的弧度贴合橙子皮的弧度），一点儿一点儿地撬开表皮，这样就可以避免把双手弄脏了。

苹果

如果把苹果拿来入菜，多数厨师会选较酸脆的苹果，如青苹果，因为料理过后质地较硬挺，不会软烂。苹果的酸味可增加甜品的复杂性，且不必担心太甜，让厨师有更多的发挥空间。

如何选购苹果

购买苹果时，根据外观、颜色、气味、重量等可以判断其品质优劣。

观外形

形状比较圆的、均匀的苹果好看又好吃。

闻气味

苹果熟了以后会散发出香味，购买时可以闻苹果的气味。

看颜色

红色发黄的是熟果。不要选择红色发青的，这样的是生果。

掂重量

可以把苹果放在手上掂一下重量，感觉沉甸甸的，表明水分多，水分多才好吃。

贮存苹果的小窍门

1.保鲜袋贮存。苹果经过细心挑选，把塑料果品保鲜袋用漂白剂清洗消毒，即可把选好的苹果放进袋里。袋口开始要留一个通气小孔，以利于苹果通风透气。装成袋、封好口的苹果，统一摆放在不见阳光的阴凉处，待气温稳定在0℃~5℃时，再将贮果袋口捆紧，移放在室内。如果气温降到0℃左右，在果袋堆上盖一层防寒避风布，以防冻坏。此法可贮存到来年3月。

2.纸箱、木箱贮存。箱子要保持清洁卫生无异味。箱底和四周放上两层白纸，将每个苹果用柔软的白纸分别包好，整齐地摆在箱子里。圆果形要横放，扁圆果形要立放，这样不仅能够确保苹果通风透气性能良好，还能够承受比较大的压力。储存最适宜的气温是0℃~5℃。在纸箱或木箱上留一个透气孔，以利于苹果吸氧和排出二氧化碳。

清洗苹果的小窍门

1.苹果浸湿后，在表皮放点儿盐，抹匀后用双手来回揉搓，表面的脏东西很快就能搓干净，然后再用水冲干净，就可以放心吃了。

2.准备一个小盆，放入适量淀粉或面粉，兑入适量清水拌匀，放入苹果清洗即可。

3.将牙膏挤在苹果表面，用手揉搓苹果，把牙膏搓匀，将苹果放在流水下冲洗，沥干水即可。

防止苹果变色的方法

食用前，将切好的苹果浸在装满水的容器里，这样能避免苹果切面长时间接触氧气。在苹果切面上涂满糖浆、蜂蜜，用砂糖覆盖苹果切面，也有同样的效果。这些方法都可制造出苹果组织与空气隔离的隔离膜，更重要的是，抑制了氧元素在苹果细胞中的扩散，使其不能与多酚氧化酶、植物细胞内含有的铁元素相接触，防止了氧化变色。

削苹果皮的小窍门

只要把苹果用开水烫2~3分钟，果皮便会像剥水蜜桃那样撕下来。这样既去了皮，又保留了苹果的营养。

巧增苹果美味的技巧

把不新鲜的苹果洗净后，切成小块，放在葡萄酒里，再加适量砂糖煮一下，苹果就会十分鲜美。

香蕉

如何选购香蕉

买香蕉时，判断成熟度很重要，可以根据外观、颜色、硬度等来判断其品质优劣。

观外形

一般香蕉的外皮是完好无损的，如果有损坏，就会影响食用。另外，看外皮时，可能会发现香蕉的外皮有黑点，这个是正常的，只要没有烂的地方，都可以食用。

看颜色

看香蕉的颜色，皮色鲜黄光亮，两端带青的为成熟适度果；果皮全青的为过生果；果皮变黑的为过熟果。

摸硬度

用手指轻轻捏果身，富有弹性的为成熟适度果；果肉硬结的为过生果；剥皮连带果肉的为过熟果。

吃香蕉的三大禁忌

1.未熟透的香蕉易致便秘：生香蕉含有大量的鞣酸，具有非常强的收敛作用，可以使粪便干硬，从而造成便秘。

2.过量吃香蕉可引起矿物质比例失调：香蕉中含有较多的镁、钾等元素，这些矿物质虽是人体健康所必需的，但若在短时间内一下子摄入过多，就会引起血液中镁、钾含量急剧增加，造成体内钾、钠、钙、镁等元素的比例失调。

3.忌空腹食用香蕉：香蕉中含有大量的钾、磷、镁，大量摄入钾和镁可使体内的钠、钙失去平衡，对健康不利。

香蕉的储存

香蕉不宜保存，容易腐坏，保存时一定要选择合适的方法。香蕉先用清水冲洗几遍，用干净的抹布将水分擦干，用几张旧报纸将香蕉包裹起来，放到室内通风阴

凉处，或直接将整串香蕉悬挂起来，同样能延长保存时间。

草莓

如何选购草莓

买草莓时，根据外观、颜色、气味等可以判断其品质优劣。

观外形

选择心形、大小一致的草莓。宜挑选蒂头叶片鲜绿、有细小绒毛，表面光亮、无损伤腐烂的。不要选择太大的和过于水灵的或畸形的草莓。还可以看草莓上的籽，白色的是自然成熟的；如果籽是红色的，则为染色草莓。

看颜色

应该尽量挑选全果鲜红均匀、色泽鲜亮、有光泽的；不宜选购未全红的或半红半青的草莓。

闻气味

自然成熟的草莓会有浓厚的果香，而染色草莓没有香气或有淡淡的青涩气。

食用草莓的注意事项

1.有些草莓色鲜个大，颗粒上有畸形凸起，咬开后中间有空心。这种畸形草莓往往是在种植过程中滥用激素造成的，长期大量食用这样的果实，会损害人体健康。

2.由于草莓是低矮的草茎植物，虽然是在地膜中培育生长的，但在生长过程中还是容易受到泥土和细菌的污染，所以食用草莓前一定要清洗干净。

草莓这样清洗

清洗草莓，可用淘米水。草莓不要去叶子，放入水中浸泡 15 分钟，如此可让大部分农药随着水溶解，而后将草莓去掉叶子，用淡盐水或淘米水浸泡10分钟左右，去蒂，清洗干净即可。

洗草莓时不要把草莓蒂摘掉，去蒂的草莓若放在水中浸泡，残留的农药会随水进入果实内部；也不要用洗洁精等清洁剂浸泡草莓，这些物质很难清洗干净，容易残留在果实中，造成二次污染。

蛋和豆制品

鸡蛋

鸡蛋的好处说不尽，随处可买，价格便宜，营养丰富，功能百变，滋味美妙，有很多功能，可使材料变稠、使料理丰富、让面粉发酵、增味又增色，可做主菜的配菜，埋在底下当支撑，也可做主菜。

选购优质鸡蛋

鸡蛋是非常亲民的食材，无论是早餐、午餐和晚餐，还是炒菜、甜点，都能看到它的身影。选购优质的鸡蛋，能为我们的菜肴加分。

观外形

蛋壳清洁完整，略微粗糙，附有一层霜状粉末，无霉斑。

闻气味

鸡蛋无异味，向其表面哈一口热气，会闻到淡淡的生石灰味。

听声音

用两指夹住鸡蛋放在耳边摇晃，若鸡蛋没有晃动感且无空洞声的为佳。

掂重量

优质鸡蛋在手中会有压手的感觉。鸡蛋的大小与质量无关，而与鸡龄有关；品种一样的情况下，鸡蛋越小，其水分含量越少，营养成分越高。

鸡蛋保鲜小窍门

1.在鲜鸡蛋上涂点菜油或棉籽油脂，贮藏期可达30天。此种方法适合于气温在25℃~30℃时使用。

2.把没有损伤的鲜鸡蛋放入清洁盆中，倒入2%~3%的石灰水，水面高出蛋面

20~25厘米，可保鲜3~4个月。在夏季，盆子不要受太阳照晒，保证阴凉通风。还可把蛋放进5%左右的石灰水中浸泡半小时，捞出晾干，也可保鲜2~3个月。

3.在盆底部铺干燥、干净的谷糠，放一层蛋铺一层糠，装满后用牛皮纸封口，存放于阴凉通风处，可保鲜数月。如无糠，取松木锯末或者草木灰代替即可，每20天或者一个月翻动检查一次。

4.把鸡蛋贮藏在黄豆、红豆等杂粮中，可保鲜很长时间而不变质。

5.把鲜鸡蛋埋入干净的干渣中，置于阴凉干燥处，2~3个月不会变质。

6.将鸡蛋放在盐里埋起来，可保存较长时间不变质。

7.把鸡蛋用新鲜薄膜或油光纸包起来放入冰箱保鲜的时间更长。

8.用湿布把鸡蛋擦一遍，大头朝上竖着放入冰箱，能够保存较长时间。

9.禽蛋不宜与姜、洋葱放在一起，否则会很快变质。

去鸡蛋异味的技巧

把鸡蛋磕破后，将蛋黄上的小圆点（俗称鸡眼）去掉，鸡蛋就没有怪味了。

做出香滑炒鸡蛋的小锦囊

1.添加小调料：砂糖具有保水性，炒鸡蛋时加少量砂糖，可使成品变得蓬松柔软。但要控制好砂糖的量，以免影响鸡蛋的鲜香。或者加入少许淀粉、冷水，也可增强蛋液的延展性，使其更滑嫩。

2.烹调时的注意事项：油温控制到七至八成熟（约200℃）时，撒上少许面粉（能有效防止油外溅，同时能让鸡蛋显得金黄美观），再倒入鸡蛋，防止鸡蛋变老，影响口感，同时避免其营养成分流失。

鸡蛋皮煎得好的技巧

搅拌蛋液时，将蛋黄充分拌匀，这样能避免煎出的蛋皮看到蛋白。想要煎出柔软美味的蛋皮，可试着用适量的牛奶与鸡蛋液混合搅匀。下锅前把煎锅中的油抹匀，煎蛋皮时掌握好火候，火力不能太强。揭蛋皮时手要轻，以免弄破，影响色泽和口感。

煮鸡蛋的技巧

泡水

在煮鸡蛋之前，最好先把鸡蛋放入冷水中浸泡一会儿，再放入冷水锅中煮沸，这样蛋壳就不易破裂了。

时间

在确定了火力大小之后，只要准确地掌握好煮蛋时间，就能够随心所欲地控制煮蛋的老嫩程度。

火力

煮鸡蛋时火力要适中，若用大火，容易引起蛋壳内空气急剧膨胀而导致蛋壳爆裂；若使用小火，又延长了煮鸡蛋的时间，而且不易掌握好蛋的老嫩程度。

使鸡蛋羹松软的小窍门

鸡蛋羹是否能蒸得好，除放适量的水之外，主要取决于蛋液是否搅拌得好。搅拌时，应使空气均匀混入，且时间不能过长。气温对于能否搅好蛋液也有直接关系，如气温在20℃以下时，搅蛋的时间应长一点（约5分钟），蒸好后有肉眼看不见的大小不等的孔眼；气温在20℃以上时，时间要适当短一些。不要在搅蛋最初放入油盐，这样易使蛋胶质受到破坏，蒸出来的鸡蛋羹粗硬；若搅匀蛋液后再加入油盐，搅几下后即入蒸锅，出锅时的鸡蛋羹将会很松软。

自制咸鸡蛋的窍门

1.盐包法。盐包蛋就是把鸡蛋在酒里滚一下，然后裹上盐，放到罐子里密封。

2.盐水腌法。盐水腌制就是把水煮开，放入盐搅拌均匀，500克鸡蛋100克盐，放冷后加些白酒，再把鸡蛋放进去就可以了。

做蛋花汤避免蛋花结成块的小窍门

1.鸡蛋磕入碗中，加适量盐、花生油（这是蛋花不结成块的关键），用筷子将蛋打散至起泡，然后将蛋液倒入汤盆。锅内加水烧开，水烧开后，迅速将开水倒入汤盆，蛋液马上形成蛋花丝浮游在汤面。

2.把鸡蛋倒入锅里的一刹那，一定要用勺不断地把刚倒入锅里的鸡蛋搅碎，即把鸡蛋一边往锅里倒，一边用勺子搅拌，这样就不会结块了，而且鸡蛋会成丝片状，既好看又好吃。

炒鸡蛋加水更美味

在打蛋时加水。一般一个鸡蛋加1~2勺水，这样炒出来的鸡蛋非常软嫩。

煎荷包蛋的小窍门

煎荷包蛋容易出现表面粗糙、外焦里生等不如意现象，怎样把荷包蛋煎得鲜嫩、光滑、色泽美观呢？方法是：把锅洗净后放入油烧热，打入一个鸡蛋，待底层起皮，用铲铲起，包住蛋黄，成荷包形（将鸡蛋翻面亦可），翻过来煎另一面，待两面煎至嫩黄色出锅，然后取出放入备好的汤锅中，旺火烧开，加些料酒、葱花、盐等，改小火煮三五分钟即可。

煎蛋时油温过高，会起泡外溅，可在油锅中加一点面粉，不仅防爆，而且煎出的蛋颜色好看。

煎蛋时，如果发现蛋白部分已经变硬，可加入一点儿热水，并盖上锅盖，以小火煎到蛋黄熟为止。这样可以防止蛋黄焦硬，还可以煎出完美的荷包蛋。

怎样煎蛋才能完整、嫩滑

锅内油热后，将鸡蛋打入，在其处于半凝固状态时，洒几滴热水在蛋的周围和面上。这样煎出来的鸡蛋，色泽白亮，口感嫩滑。

煮茶蛋的技巧

残茶法：用残茶叶煮茶蛋，味道清香。

红茶法：用红茶煮出的茶叶蛋不仅色泽美观，而且味道可口。

作料法：煮茶蛋前，先把蛋放在酱油、盐、酒、大料及茶叶的卤汁中浸泡2~3小时，然后再下锅。下锅后在卤汁中加入桂皮、小茴香等调料煮至断生。捞出后浸入冷水中，把蛋皮磕破，再放回锅里煮沸，用小火煮20分钟后即可食用，这样煮出来的茶蛋色艳味美。如煮好后在卤汁中多泡一会儿，味道将会更美。

身体发热不宜吃鸡蛋

在日常生活中，当发烧时，首先想到的是在饮食中增加鸡蛋，其目的是为了补充营养，使患者尽快恢复健康。却不知这是一种事与愿违的做法。

生活中，我们会有这样的感受，饭后体温有所升高。这主要是由于食物在体内氧化分解时，除了食物本身放出的热量外，还能刺激人体产生一些额外的热量，食物的这种刺激作用在医学上叫食物的特殊动力作用。人体所需要的3种生热营养素的特殊动力作用是不同的。如脂肪可增加基础代谢的3%~4%，碳水化合物可增加5%~6%，蛋白质可增加15%~30%，鸡蛋含蛋白质比较高，所以，当发烧时食用过多鸡蛋，不但不能够降低体温，反而使体内热量增加，不利于患者早日康复。正确的方法是鼓励患者多饮温开水，多吃水果和蔬菜以及蛋白质低的食物。

鸭蛋

精心挑选优质鸭蛋

优质的鸭蛋表面洁净，无血迹、无斑点，没有裂痕，个头匀称；新鲜的鸭蛋闻起来没有异味；把鸭蛋拿在手上，蛋壳会略微显得粗糙，并不是顺滑的；把鸭蛋贴近耳朵，轻轻摇晃，内部没有晃动感。

鸭蛋料理可以很美味

生活中很多人对于鸭蛋的熟悉与喜欢程度远远低于鸡蛋，在他们的印象中，鸭蛋几乎等同于咸鸭蛋。然而咸鸭蛋并不是鸭蛋唯一的做法，鸭蛋具有滋阴养血、消炎止痛的功效，试着做一些鸭蛋料理，像赛螃蟹、黑木耳蛋炒饭、鸭蛋苦瓜饼、高汤蛋羹等，给自己的餐桌增添风味。

自制咸鸭蛋的窍门

五香咸鸭蛋的腌制

取花椒、桂皮、茴香、生姜、精盐，用等量水煮沸20分钟，倒入一个瓷坛中，将洗净的鸭蛋泡入，封严坛口，40天后即可煮食。这种鸭蛋香味浓郁，微咸可口。

白酒浸制法

按每5千克鸭蛋、60度白酒1升、精盐500克备料。浸腌时先将晾干的鸭蛋放在白酒中逐个浸蘸后再滚上精盐，放入容器内，密封放置在干燥、阴凉、通风处，约30天即可取出煮食。

面粉腌制法

取适量面粉，用热水调成糊状，加入少许五香粉和白酒并拌匀。再把洗净晾干的鸭蛋逐个粘裹面糊，并滚上一层食盐，放入坛中，密封坛口。食盐与面糊融合在一起，让盐分渗入蛋内，25天后即可取出煮食。

饱和食盐水腌渍法

水和盐的用量按鸭蛋的多少来定。腌制时先将食盐溶于烧开的水中，达到饱和状态（浓度约为20%）。待盐水冷却后倒入坛中，并将洗净晾干的鸭蛋逐个放进盐水中，密封坛口，置通风处，25天左右即可取蛋煮食。此法腌制的咸鸭蛋，蛋黄出油多，味道特别香。

黄沙腌蛋法

备黄沙500克、精盐100克、精油50毫升、水适量。腌渍时先将黄沙倒入盆中，加入精盐、精油和水，搅拌成糊状，再将洗净晾干的鲜鸭蛋逐个放入粘泥，待鸭蛋均匀粘上泥沙后取出，放入食品袋或其他容器内，3周内即可取出洗去泥沙煮食。若无黄沙，也可用其他泥沙代替，如果沙的黏性不好，可加少量黏土。

辣味咸蛋的腌制

备辣酱、精盐各1碗，洗净的新鲜鸭蛋若干个。腌制时将瓷罐用清水洗净，并用开水烫刷后擦干，把鸭蛋逐个在辣酱中均匀蘸一下，再在精盐中滚一遍，然后轻轻放入瓷罐里，最上层撒精盐少许，加盖并用牛皮纸严格密封，放置在阴凉通风处，30~40天后即可开罐煮食。

辣咸酒味蛋的腌制

取稠辣酱、白酒，按8：2的比例搅拌均匀，把洗净晾干的鸭蛋逐个放入并均匀滚蘸，再在精盐中滚一遍，然后放入瓷罐内，严密封口，腌制70~90天即成。这种腌蛋呈辣红色，酒香四溢，咸中微辣，味美宜人。

去皮蛋异味的技巧

皮蛋有一股辣味和涩味，如果把生姜切成碎末，再加上食醋，调成姜醋汁，淋在切好的皮蛋上，就能去掉皮蛋的辣味和涩味了。若再放些辣椒油、葱花、酱油等，就更可口了。

了解“出油”的咸鸭蛋

“出油”的咸鸭蛋会散发浓郁的鲜香，口感绵润，也因此让很多人觉得“出油”的咸鸭蛋才是质量上佳的，但这其实只是腌渍方法与时间的原因。其实咸鸭蛋里的油来自蛋黄，是脂肪。鸭蛋中脂肪约占16%，且大部分都在蛋黄里，蛋黄脂肪的含量在31%左右。蛋黄里的脂肪是蛋白质乳化而成的。经过盐的腌渍，蛋黄中的蛋白质凝固后沉淀出来，和脂类分离，原来分散的脂肪彼此互相聚集后就会出现“出油”的现象。

鹌鹑蛋

选购好吃的鹌鹑蛋

鹌鹑蛋的外壳为灰白色，还有红褐色的和紫褐色的斑纹，放在耳边摇一摇没有晃动的声音的为优质鹌鹑蛋。优质鹌鹑蛋色泽鲜艳、壳硬，蛋黄呈深黄色，蛋白黏稠。

了解可以储存的时间

鹌鹑蛋外面有自然的保护层，常温下生鹌鹑蛋可保鲜10天左右，如果把生鹌鹑蛋放入冰箱内冷藏保鲜，一般可以保鲜1个月不变质。熟鹌鹑蛋常温下可存放3天。

变换烹调方式，感受鹌鹑蛋的魅力

鹌鹑蛋被认为是“动物中的人参”，宜常食，为滋补食疗佳品。鹌鹑蛋虽小，但营养价值却可与鸡蛋媲美。在大多数人的印象中，鹌鹑蛋多以小吃的形式出现在餐桌中，如盐焗鹌鹑蛋、鹌鹑蛋串串等。但只要改变烹调的方式，鹌鹑蛋也能成为餐桌的主角，如用焖烧的方法可以做出鹌鹑蛋烧豆腐、鹌鹑蛋焖红烧肉；用作甜点则有红枣鹌鹑蛋酒酿、鹌鹑蛋银耳羹；用酱泡的方式则有卤鹌鹑蛋、泡椒鹌鹑蛋。生活中我们会接触很多像鹌鹑蛋这样简单的食材，试着改变烹调的方式，做出来的菜肴总能很美味。

黄豆

如何选购黄豆

购买黄豆时，可以从外形、颜色、气味、干湿度等方面去判断质量优劣。

观外形

颗粒饱满且整齐均匀，无破瓣、缺损、虫害、霉变、挂丝的为好黄豆；颗粒瘦瘪、不完整、大小不一、有破瓣、有虫蛀霉变的为劣质黄豆。

看颜色

颜色明亮、有光泽的为好黄豆；若色泽暗淡、无光泽则为劣质黄豆。

闻气味

优质黄豆具有正常的香气和口味；有酸味或霉味者质量较差。

干湿度

牙咬豆粒成碎粒，发音清脆，说明黄豆干燥；若发音不脆，则说明黄豆潮湿。

黄豆的食用方法

1.黄豆可以鲜吃，也可以对其进行干燥处理或者提炼出豆奶。另外，黄豆适宜做炖菜。

2.黄豆粉能使沙司变稠，为蛋糕、松饼和甜饼提味。黄豆粉味道很浓烈，因此要控制好用量。

3.黄豆芽生食或烹食都可以。

黄豆如何保存

严格控制黄豆含水量，长期保存水分不能超过12%。黄豆收获后，要在豆荚上充分晒干再脱粒。

保存前用塑料袋装好，放进密封的容器里，置于阴凉、干燥、通风处保存，并注意防鼠、防霉变。

也可把黄豆晒干后装进瓶子里，再放几颗大蒜，最后把瓶子盖紧。如果瓶子的面积大就多放大蒜，这样可以存放一年。

豆腐

豆腐即凝固的豆浆，很像乳酪，市场上多切块卖，但依照制作过程也会有不同包装和质地。在亚洲，几世纪以来豆腐一直是主要菜品，通常切片或切块用在料理中。豆腐没有什么味道，所以得借助其他调味料，可以淋上热的辣油或搭配味噌做味噌汤。

如何保持豆腐的完整

在菜市场购买的豆腐，可能会沾有灰尘，下锅前一定要清洗干净再食用。建议清洗时把豆腐放在手上，用较小的水流冲洗，注意轻拿轻放以保持豆腐的完整。烹煮时豆腐的完整也可能会受到影响，建议烹调前把豆腐浸在淡盐水中20~30分钟，这样能有效缓解豆腐在烹制中的破碎程度，使菜肴更美观。

豆腐营养虽佳，但过量食用危害健康

豆腐富含蛋白质，但一次食用过多会阻碍人体对铁的吸收，引起消化不良。大量食用豆腐会加重肾脏的负担，使肾功能衰退，不利于身体健康。豆腐含嘌呤较多，痛风患者要少食，因为嘌呤代谢失常的痛风患者和血尿酸浓度增高的患者多食

易导致痛风发作。

配合料理改变豆腐的水分

豆腐是常见的餐桌食材，味美而养生。豆腐的烹调方式多样，可做汤，也可炸、烤、焖、烧、凉拌。其水分含量在90%左右，针对不同的烹调方式，改变豆腐的水分能使菜肴的卖相与口感更佳。烹制豆腐类汤时可直接食用，若是做豆腐沙拉则要稍微去除水分，此时可以把豆腐放在厨房用纸或布上，压上较轻的物品，用10~15 分钟的时间去除其水分；若是用于炒菜，可压上较重的物品或增加一倍的时间；若是做铁板豆腐、炸豆腐或烤豆腐等料理，则要继续增加重物的数量，压制的时间为1小时，使其厚度缩减为原来的一半。

做豆腐汤的小技巧

不管做什么样的豆腐汤，做汤前，应将豆腐煮一下，煮沸即捞起备用，可除豆腥味，这样做的豆腐汤更美味。另外，豆腐入汤的时间先后也是有讲究的，比如鱼汤，稍晚些放豆腐较好；番茄豆腐汤，豆腐先放入较好。

做豆腐不碎的小窍门

要使豆腐在烹调过程中不碎，可以采用旺火水焯法。豆腐经开水一焯，因其遇热，内部水分排出，外皮收缩而挺，不仅不易碎，而且保持其外形整齐。做法是用旺火将水烧开，把切好的豆腐丁放入开水

锅中焯一下，使豆腐丁均匀受热，即刻捞出，就可用来烹制菜肴了。

豆腐渣既利于减肥又可防结肠癌

经现代医学家和营养学家研究，确认了膳食纤维的营养作用，与传统的六大营养素并称为七大营养素。在人民生活水平逐步提高、食物日益精细的今天，应该补充人体对膳食纤维的需要。在分析常用食品后发现，豆腐渣是一种理想的膳食纤维源。这一发现使得昔日只能作饲料的豆腐渣立刻“身价”倍增。

当把豆腐渣的水分含量干燥到5%时，其膳食纤维的含量最高，其中纤维素、半纤维素、非结构性水溶性糖、木质素、蛋白质、脂质、无机盐以及多种维生素的含量十分丰富。

豆腐渣所含热量很少，蛋白质很多，对于限制饮食的人，食后能够减轻饥饿感，对糖尿病的治疗也有积极的作用。这是因为纤维素可吸附糖分，从而使葡萄糖的吸收减慢，在胰岛素分泌不足的情况下，不致过分加重胰腺的负担。另外，纤维成分还具有抑制血糖升高的作用。

由于豆腐渣的纤维成分可使人体对糖分的吸收减少，因此它是比较好的减肥食品。膳食纤维将流入十二指肠中的一部分胆固醇吸附，使其成为粪便排出体外，因而减少了血液中胆固醇的含量。纤维素同时能够阻止过多的胆固醇沉积于血管壁，从而对动脉硬化、冠心病、脑卒中等疾病起到积极的预防作用。

豆腐渣含有大量的钙质。依据测定，每100克豆腐渣中含有100毫克钙，几乎和牛奶含量相同，而且易被人体吸收。中老年人体内钙质往往不足，易发生骨质疏松。因此，适量食用豆腐渣，可从中补充钙质，避免骨质疏松症的发生。

一般来说，结肠癌是由食物中有毒有害物质不断刺激肠黏膜所致。豆腐渣富含纤维素，若经常食用，可起到稀释毒素的作用，减少毒素对结肠膜的刺激，从而避免患上结肠癌。

吃豆腐配海带好处多

豆腐中含有5种皂角苷，皂角苷能够阻止容易引起动脉硬化的过氧化脂质的产生，抑制脂肪的吸收，促进脂肪的分解。豆腐中还含有卵磷脂和亚油酸等蛋白质，B族维生素、维生素E，以及铁、钙等人体所需的矿物质，对造血功能及骨骼和牙齿的生长均有好处。但豆腐中的皂角苷会促进人体排碘，造成碘缺乏，而海带含碘多所以吃豆腐时宜配海带。

豆皮

豆皮的选购

上等的豆皮呈均匀一致的白色或淡黄色，有光泽，无杂质；拿在手上薄厚度均匀一致，软硬适度又富有韧性，不黏手；细细一闻有豆腐固有的清香味。

豆皮也可成为餐桌的主角

素食已成为一种时尚。蔬果中的维生素搭配豆制品中的蛋白质能满足身体的需要，蔬果爽脆鲜香、豆腐皮薄而筋道，两者皆为凉拌佳品。制作时只要将食材清洗干净，切成容易入口的丝状或块状，再调入沙拉酱、千岛酱、番茄酱、油醋汁、芝麻等自己喜欢的辅助酱料，即可完成分量十足又营养均衡的诚意满满的菜肴。

在家也能做百变豆皮

豆皮虽朴素，却因其软硬适度、煮炖不烂、煎炒不碎等亲民的本质得到食客们的喜爱，能与众多的食材搭配，也能适应多种烹饪方法，在菜肴中总能表现出绝佳的口感。浸湿的豆皮切丝，能与时蔬同炒；卷入肉糜，可煎成肉卷；切成小块，炸后酥脆；撕成条状后搭配高汤，滋味无穷；卷入腊肉，蒸熟即可。百变的豆皮，鲜香可口又有营养，可以为餐桌增色不少。

豆干

少量购买，及时食用

在商场购买豆干时一定要注意其是否是冷藏保存的，留意真空包装是否出现漏气或抽取不彻底等现象，是否标明相关的卫生标识与生产日期，以确保其新鲜度与营养。当天使用剩余的豆干，应用保鲜袋扎紧放于冰箱内，并尽快吃完，如发现袋内有异味或豆干制品表面发黏，请不要食用。

让豆干更有味

豆干是豆腐的再加工制品，口感硬中有韧劲。豆干的肉质较为紧致，调味料无法在短时间内渗入到内部，导致烹煮时不易入味，如果与其他容易入味的食材一同烹煮，会造成咸淡不均匀。因此建议用于煸炒的豆干先用少许清水和适量调味料焖煮片刻，等豆干质地变软时再放入其他食材与剩余调味料，这样菜品就会更加鲜美可口。

豆制品与蜂蜜

豆制品与蜂蜜都是对人体健康极为有利的食品，但将两者搭配食用会造成身体不适。因为豆制品有清热散血、排毒润肠的功效，而蜂蜜甘凉滑利，一起食用容易造成泄泻。此外，蜂蜜中含有多种酶，与豆制品一起烹制时会与其多种矿物质、植物蛋白及有机酸等发生反应，阻碍营养的吸收。

腐竹

选购腐竹的方法

色泽辨别

取样品腐竹直接观察即可。

1.良质腐竹：呈淡黄色，有光泽。

2.次质腐竹：色泽较暗或清白色，无光泽。

3.劣质腐竹：呈灰黄色、深黄色或黄褐色，色暗且无光泽。

外观辨别

取样品腐竹直接观察，然后折断再仔细观察。

1.良质腐竹：为枝条或片叶状，质脆易折，条状折断有空心，无霉斑、杂质、虫蛀。

2.次质腐竹：呈条状或片状，并有较多折断的枝条或碎块，有较多实心条。

3.劣质腐竹：有霉斑、虫蛀、杂质。

气味辨别

取样品腐竹直接嗅其气味。

1.良质腐竹：具有腐竹固有的香味，无其他任何异味。

2.次质腐竹：腐竹固有的香气平淡。

3.劣质腐竹：有霉味、酸臭味等不良气味及其他外来气味。

滋味辨别

取样品腐竹用热水浸泡至柔软，细细咀嚼品尝其滋味。

1.良质腐竹：具有腐竹固有的鲜香滋味。

2.次质腐竹：腐竹固有的滋味平淡。

3.劣质腐竹：有苦味、涩味或酸味等不良滋味。

鉴别真假腐竹的窍门

1.看。真腐竹是淡黄色的，且有一定的光泽，通过光线能够看到纤维组织；假腐竹是一块白、一块黄、一块黑，且看不出纤维组织。

2.泡。取几块腐竹在温水中浸泡10分钟左右（以软为宜），泡真腐竹的水为黄色而不浑浊，泡假腐竹的水为黄色而浑浊。

3.拉。轻拉用温水泡过的腐竹，真腐竹有一定的弹性，而假腐竹没有弹性。

温水泡发腐竹

泡发腐竹要注意水温，温水泡发3~5小时即可食用。若水太冷，泡发腐竹所需的时间很长，营养就会随之流失；若水太热，泡发出来的腐竹会软硬不均匀，呈现外部烂软、内部偏硬的状态，会影响口感。

腐竹如何储存

干燥通风的地方适合腐竹的存放，不然很容易造成发霉或者受潮。为了增长腐竹保存的时间，一般含水分过高的腐竹可以晾晒，使水分降低到12%～14%，然后装入食品袋，扎紧袋口，或者用保密性能良好的防潮盒装好，再放到干燥的地方。

水产

鱼

鱼贵在新鲜

新鲜健康的鱼所含的营养价值较高。挑选时要细致，观察鱼的活动能力，灵活的鱼比较新鲜。鱼鳞整齐没有脱落、有光泽且摸起来有黏滑感、鱼眼略鼓且饱满、鱼鳃鲜红、鱼身无异味的鱼为佳。

保存鲜鱼的窍门

鲜鱼的保存方法有三种。

1.鲜活鱼可用井水、河水放养，但不要用自来水，活鱼一般可放5天左右。

2.将鲜活鱼宰杀洗净，放于冰箱内。

3.将鱼洗剖干净后，抹少许盐腌渍4小时，春天和秋天可存放一周左右，冬天则较长。

除鱼异味的技巧

长时间生活在受药污染水域中的鱼，吃起来会有极浓的火油味。若能够把这种鱼在宰杀之前先放在碱水中养1个小时左右，就能使得鱼身上的农药在碱性条件下逐渐被破坏，火油味和毒性就消失了。即使买回来就是死鱼，宰杀后先放到碱水中泡一会儿，再清洗干净下锅，也是有利无害的。

河鱼经常有股泥腥味。如果把活鱼放入盐水中，使盐水通过鱼的两鳃浸入，1小时泥腥味即可消失。若是死鱼，则需要浸2小时以上。

烧鱼时放一点橘皮，可去掉鱼腥味。

烧黄花鱼时，把鱼头上的皮撕掉，可大大减少腥味。

洗鱼的小窍门

洗鱼时，只要在放鱼的盆中滴入1~2滴生植物油，即可除去鱼上的黏液。

把鱼泡入冷水中，加入适量醋，过2小时再去鳞，会很容易刮干净。

洗鱼块的小窍门

可把鱼块排在篮子内，用水来回冲洗，然后用干净的布或者纸巾将水擦干。

烹煮鱼的小窍门

煎鱼

下油煎鱼之前，先用生姜在锅底涂抹上一层姜汁，倒油加热后再放入鱼煎，就能保持鱼体完整；在煎之前挂蛋糊，也能煎出完整、金黄的鱼。

蒸鱼

水煮沸后再蒸鱼，这样鱼的外部组织会凝缩，保留了内部的鲜汁，鱼肉会更鲜美。蒸鱼要用大火，蒸的时间不要过长，鱼肉才会鲜嫩。蒸一整条鱼时，可在鱼肉面划上几刀，方便味道渗透进去，鱼肉蒸熟后均匀美观，也更便于夹取。

切鱼片的小窍门

鱼片一般是用作熘、炒菜肴的。选择新鲜的活鱼是前提，否则鱼肉质地松软、无弹性，切片后容易碎，味道也不好。

买回鱼后及时活杀，洗净，切下鱼头、鱼尾，沿脊椎骨平刀剖开，去鱼皮和鱼骨。然后把鱼肉横摊在砧板上，斜刀自上而下地切成3厘米长的鱼片，放在容器里保存，上浆挂糊待用。

吃鱼就要吃这些部位

鱼肉中富含多种维生素，还含酶类、矿物质、不饱和脂肪酸及优质蛋白等营养成分，有利于青少年、儿童的生长发育。鱼脑中富含不饱和脂肪酸和磷脂类物质，有助于婴儿大脑的发育，并具有辅助治疗老年痴呆症的作用。鱼眼中的维生素B_1及二十二碳六烯酸（DHA）和二十碳五烯酸（EPA）等不饱和脂肪酸，可增强人的记忆力和思维能力，同时降低人体内胆固醇的含量。鱼鳔中富含大分子胶原蛋白，具有改善人体组织细胞营养状况、促进人体生长发育、延缓皮肤老化的功效。鱼骨中的钙质具有防治骨质疏松的作用。鱼鳞可炸、可熬汤，其所含的胆碱、卵磷脂可保护肝脏，促进神经和大脑发育。

3招让鱼汤呈奶白色

1.并不是所有鱼汤都能熬成奶白色，这要视鱼的品种而定。要熬白汤，鲫鱼是最适合的，它的胶质、鱼油和钙更容易溶解。想熬出白汤要先将鱼放入油中煎一下，两面都煎至金黄色后再向锅中添水。

2.如果想保持鱼肉的生鲜，不愿煎炸，这时候可在煮鱼的沸水中滴入几滴荤油。

3.熬鱼汤还有一个关键因素，就是要大火煮沸，尽量别用小火或者中火，保持鱼汤一直翻滚。民间俗语“千滚豆腐万滚鱼”，说的就是这个道理。

煲出没腥味的鱼汤

1.除黑膜去味法。洗鱼时，先把鱼肚子里的黑膜去干净，烹饪时放一点酒或醋，鱼就没有腥味了。

2.白酒去味法。鱼洗净后，用白酒涂满鱼身，1分钟后用水洗去，能除腥味。

3.温茶水去味法。将鱼放在温茶水里浸泡一下可去鱼腥味。

4.红葡萄酒去味法。先把鱼剖开，用红葡萄酒腌一下，可将腥味去掉。

5.生姜去味法。做鱼时，先烧一会儿，等鱼的蛋白质凝固了再添加生姜，去腥效果更好。

6.食糖去味法。在烹鱼时放入少许糖，可去腥。

7.橘皮去味法。烧鱼时放入些许橘皮，可去腥。

8.牛奶去味法。炖鱼时放入牛奶，这样不仅能去腥，而且可使鱼变得酥软而美味。炸鱼时，先将鱼放入牛奶浸泡片刻，既可去腥，又可增加鲜味。

9.料酒去味法。做鱼时滴入少许料酒，可去腥。

烧鱼入味有窍门

1.烧前先炸一下。烧鱼块时裹一层薄薄的面粉和蛋黄液入锅。炸时，油温宜高不宜低，炸到鱼身颜色泛黄即可。

2.烧鱼火力不宜太大，加水不宜多，稍淹没锅中的鱼即可。汤开后，改用小火慢煨，直至浓汤有香味关火。

3.切鱼块时，应顺鱼刺方向下刀。油炸前，在鱼块中放几滴醋、几滴酒，三五分钟后再入锅，这样炸出来的鱼块香而味浓。

4.尽量少翻动，粘锅时，将锅端起轻轻晃动或放在湿布上，冷却片刻即可。

5.盛盘时，不要用筷子夹取，应小心倒入盘中或用铲子盛取。

6.为防止鱼烧烂，不能盖锅盖，不可以开大火，且边烧边把汤汁淋在鱼上，可使鱼肉紧缩，不致烧烂。

防煎鱼时粘锅的小窍门

1.热锅冷油防煎鱼粘锅。将炒锅洗净后烘干，先加入少量油，待油布满锅面之后把热的底油倒出来，另加入已熟的冷油，热锅冷油，煎鱼就不会粘锅了。

2.用葡萄酒防煎鱼粘锅。煎鱼时，在锅内喷小半杯葡萄酒，可防鱼皮粘锅。

3.锅预热防煎鱼粘锅。先将锅烧热，后放油，再把锅稍微转动，这样可以使锅内的四周都有油。等到油烧热之后再将鱼放入，待鱼皮被煎成金黄色时再将其翻动，可使鱼不粘锅。

4.用鸡蛋煎鱼防粘锅。打碎鸡蛋，然后倒入碗中进行搅拌，再将清洗干净的鱼或鱼块依次放入碗中，让鱼的表面裹上一层蛋汁，最后将其放入热油锅中煎，这样鱼不会粘锅。

5.用姜汁煎鱼防粘锅。将锅洗净擦干后烧热，然后在锅底用鲜姜涂上一层姜汁，再放入油，等到油热之后，再把鱼放进去煎，可防鱼粘锅。

6.用白糖防煎鱼粘锅。将锅烧热之后再倒入油，待油热得差不多时加少量白糖。待白糖的颜色变成微黄时，即可把鱼下锅。此法煎出的鱼不粘锅，而且色美味香。

7.用食醋防煎鱼粘锅。在鱼身上淋些食醋，可防止粘锅。

去除带鱼表面白膜的小窍门

将带鱼放入80℃左右的水中，烫10几秒钟后，随即投入凉水中，再用刷子或剪刀刮一下，就能很快去除带鱼表面的白膜。

去鱼胆苦味的技巧

剖鱼时，若不小心把鱼胆弄破，污染的部位就会变苦。此时若用酒、小苏打或发酵粉涂抹在胆汁污染部位，使胆汁溶解，然后用清水冲洗干净，就可把苦味去掉。

煮鱼酥软可口的技巧

醋浸法：煮鱼前，先将鱼浸在醋水溶液里，这样煮出来的鱼有甜而软的滋味。

加山楂法：煮鱼时，在锅里放几粒山楂，就能够使鱼骨酥软可口。

炸鱼的技巧

炸鱼不碎法：把收拾干净的鱼放入盐水中浸泡10~15分钟，再用油炸，这样鱼块就不容易碎了。炸鱼前，先在鱼的表面薄薄地裹上一层淀粉，然后下锅，鱼就不容易碎了。如在淀粉中加入适量小苏打，炸出来的鱼就会松软酥脆。

炸鱼不伤鱼皮法：先将生鱼晾干，待油烧开后再轻轻地把鱼放入锅中；也可先把鱼用酱油浸一下，然后再放入油锅中；或把鱼表面的水擦去，涂上一层薄而匀的面粉，待油开后入锅；或者在炸鱼之前，用生姜把锅和鱼的表面擦一遍，然后再炸。

炸鱼味香法：炸鱼前先把鱼浸入牛奶中，片刻后捞出沥干，然后再下油锅，这样炸鱼不仅可以去腥，还会使得鱼肉更加鲜美；炸鱼时，先在鱼块上滴几滴醋和酒，拌匀，焖4分钟后再炸，炸出的鱼香味浓。

蒸鱼的技巧

撒盐法：把鱼洗净后控干，撒上盐，均匀地抹遍鱼身，若是大鱼，在腹内也抹上盐，腌渍半个小时，再制作。经过这样处理的鱼，蒸熟不容易碎，成菜能够入味。

加鸡油法：做清蒸鱼时，除了放好调料外，再把成块鸡油放在鱼肉上，这样鱼肉吸收了鸡油，蒸出来后便滑溜好吃了。

涂抹干粉法：蒸鱼时，先在鱼上涂抹一些干粉，蒸时不要揭盖。如250克重的鱼，在鱼身厚薄一致的情况下，蒸8~10分钟即可。每增重250克，多蒸5分钟。

剩鱼清蒸法：清蒸鱼如一次吃不完，再吃时可打入1个鸡蛋，做成鱼蒸蛋，这样做的鱼不腥，且蛋有干贝味。

蒸小鱼头：小鱼头富有营养，但吃起来肉少。如把鱼头放在砧板上，用刀剁成细屑，放入碗中，加入适量的面粉以及料酒、胡椒粉、生姜末，搅拌均匀后，用旺火蒸十几分钟，那么美味可口的鱼头羹就做好了。

鱼头是补脑的最佳食品

鱼头肉质细嫩，营养丰富，含有鱼肉中所缺乏的卵磷脂，可增加记忆、思维、分析能力，让人变得聪明。营养学家对鱼头做出的化学分析结果表明，其含有比任何其他食物丰富得多的不饱和脂肪酸，对大脑的发育极为重要，能使推理、判断力极大增加。因此，中老年人经常吃鱼头可延缓脑力衰退。传统的中医食疗理论中，有“以脏补脏”之说，即常吃动物内脏可补人体某内脏。鱼头中的鱼脑，含有大量的脑磷脂、卵磷脂，故中医称鱼脑汤为“补脑汤”。

虾

如何选虾

新鲜的虾，头尾与身体紧密相连，虾身有一定的弯曲度。虾皮发亮，河虾呈青绿色，海虾呈青白色（雌虾）或蛋黄色（雄虾）。有淡淡的天然腥味，无其他异味。活虾肉质坚实、细嫩，有弹性。冻虾仁应挑选表面略带青灰色、手感饱满并富有弹性的。

保存虾的窍门

把虾放在一个保鲜袋中，然后往保鲜袋中灌进一些水，把保鲜袋袋口扎紧，放入冰箱的速冻室里。虾和水一起冰冻的保鲜效果是比较好的。

洗鲜虾的窍门

清洗鲜虾时，用剪刀将头的前部剪去，挤出胃中的残留物。把虾煮至半熟时剥去甲壳，此时虾的背肌很容易翻起，可把虾线去掉，再加工成各种菜肴。

如何快速去除虾线

虾线即从虾的头部延伸到尾部的黑线，那是虾的肠道，起着消化的作用。若是在清蒸或酒焖的时候容易出现苦味，会掩盖住鲜虾的清甜味道，因此烹调前要先把

虾线去除。

具体步骤如下。

1.虾买回来后，先清洗干净。

2.将虾的长须以及多余的部分剪去。

3.在虾的第二节处，用牙签抽出虾线。

4.处理好的虾清洗后待用。

先除虾的腥味的技巧

虾在烹制前腌渍时或者在制作过程中，加入适量柠檬汁，可去除腥味，而且可使味道更鲜美。

虾在烹调前用开水烫煮，并在水中放一根肉桂棒，既可消除虾腥味，又不影响虾的鲜味。

巧烹虾仁

以活虾为原料，用清水洗净虾体，去掉虾头、虾尾和虾壳后的纯虾肉即为虾仁。虾仁清淡爽口、营养美味，颇受喜爱。日常烹制时需注意以下几方面。

1.烹煮前的腌渍要控制好调味料的种类与分量，否则虾仁的鲜味就会被盖住。

2.烹制的虾仁可先上浆，上浆后静置5～10分钟后再滑油，可防止脱浆。上浆后的虾仁，虾肉不与热油直接接触，能较好地保持水分，使肉质饱满鲜嫩。

3.视菜肴的做法控制好油温。一般油温为三四成熟（约 100℃），过低容易脱浆，过高则质感会变老韧。

4.把握好时间。虾仁属于易熟食物，烹饪时间不宜过长，否则其外形与口感都会受到影响。

虾仁上浆的技巧

虾仁应放在清水中，用几根竹筷顺着一个方向搅拌，并反复换水，直到虾仁发白。把虾仁捞出控干水分，用干净的布把虾仁中的水吸干，并加适量盐和干淀粉，顺一个方向搅拌，直至上劲为止。这样处理过的虾仁，既便于烹制菜肴，又可贮存待用。

炒虾仁的技巧

上浆法

用布把虾仁表面的水擦去，放入盆中，按每500克虾仁、300克蛋清、25克淀粉、1克盐的比例加入，搅拌均匀，使粉浆均匀地裹在虾仁表面，然后再下锅，这样炒出来的虾仁鲜嫩饱满。

次炒法

待油四五成熟时，把虾仁下锅，等虾仁变白蜷曲时捞出，把锅里的油倒出后，再把虾仁与配料、调料一起下锅，翻炒均匀后即可出锅。

鱿鱼

鱿鱼的选购

观外形

新鲜鱿鱼色泽光亮，鱼身有层膜，带黏性，眼部显得清晰明亮。

掂重量

新鲜鱿鱼不是越大越好，以单只300~400克为佳。

闻气味

新鲜鱿鱼无异味，不新鲜的鱿鱼带有腥臭味。

摸软硬

鲜鱿鱼有弹性，不生硬。摸起来硬的是陈货，越硬越不新鲜。

看颜色

鱿鱼的肉本身是淡褐色的，制成的鱿鱼丝也是淡褐色的。现在市场上有很多纯白色的鱿鱼，那是用漂白剂漂白过的，看起来很漂亮，但对身体有害。另外也有些不是白色的，但颜色不是天然的，这也跟过期、防腐有关，不宜选购。

切麦穗形花刀，让鱿鱼更有“颜”

在餐馆品尝鱿鱼美食时，我们总会被鱿鱼的外形吸引，其实只要给鱿鱼切上花刀，我们自己也能做出有颜值、有滋味的鱿鱼。制作时先取一块洗净的鱿鱼筒，从中间纵向切一刀，将鱿鱼肉展开，去除内壁的黏膜，把尖头部分切除，再用斜刀在鱿鱼上切一字刀，不要切断。调整角度，直刀切一字刀，与刚刚的刀纹呈90°。最

后从鱿鱼肉中间切一刀，将鱼肉一分为二，取其中一块，切掉边角，变成较为规则的长方形；另一块以同样方法切掉边角，变成规整的长方形。

鱿鱼的清洗

从市场上买回来的新鲜鱿鱼，要清理干净以便烹饪，可按以下步骤进行清理。

1.将鱿鱼放入盆中，注入清水清洗一遍。

2.取出鱿鱼的软骨，剥开鱿鱼的外皮。

3.将鱿鱼肉取出后，用清水冲洗干净。

4.清理鱿鱼的头部，剪去鱿鱼的内脏。

5.最后去掉鱿鱼的眼睛以及外皮，再用清水冲洗干净，沥干即可。

扇贝

扇贝的选购

选购扇贝时要先从外形着手，要选外壳颜色比较一致且有光泽、大小均匀的扇贝，不能选太小的，否则因为肉少而食用价值不大。其次要试试扇贝的反应速度，看其壳是否张开。活扇贝受外力影响会闭合，而张开后不能合上的为死扇贝，不宜选购。

扇贝的清洗

从市场上买回的新鲜扇贝，如未经商家处理，自己可以使用开壳清洗法清洗。方法如下。

1.先将扇贝放在水龙头下，用刷子刷洗贝壳，两面都要刷干净。

2.把刀伸进贝壳，将两片贝壳盖分开。

3.此时开始清除内脏，把扇贝冲洗干净，沥干即可。

做好烹调的每一步

1.扇贝的烹制时间不宜过长（通常个头儿小的3~4分钟，个头儿大的5~6分钟），否则肉质就会变硬、变干，并且失去鲜味。但不要食用未熟透的贝类，以免传染上肝炎等疾病。

2.扇贝本身鲜味无穷，建议烹制时不要再加味精，也不需要加入太多的食盐，以免鲜味流失。

海参

海参的切法

海参经刀工处理后，容易烹饪入味，夹取食用也方便。可采用的切法有切段、片、条、丝、粒等，其中较为常用的是切条和切块。

切条	切段
1.用刀将海参的一端切除。 2.用刀将海参横向切成两块，将海参块切成均匀的条状即可。	1.将海参放在砧板上，撑开，纵向切条。 2.切条后，再横切成段即可。

海参的清洗

从市场上买回的海参，如果未经店铺处理，可采取白醋清洗法来处理。

1.将已经剖腹的海参用流水冲洗。

2.冲洗后的海参放入盆中，加白醋，注入热水，浸泡10分钟。

3.将卷着的海参肉撑开，用指甲刮除内膜，用流水冲洗干净即可。

厚实海参质量佳

市场上出售的海参有鲜品，也有干货，选购的要领自然不同。

1.鲜海参，参体为黑褐色，有的颜色稍浅、鲜亮，呈半透明状。参体内外膨胀均匀，呈圆形，肌肉薄厚均匀，内部无硬心。手持海参的一头颤动有弹性，肉刺完整。劣质海参参体发红，体软且发黏，参体枯瘦、肉薄、坑陷大，肉刺倒伏。

2.干海参，以体大、皮薄、个头整齐、肉肥厚、形体完整、肉刺齐全无损伤、富有光泽、洁净、颜色纯正、无虫蛀斑且有香味的为上乘之品。开口要端正，膛内没有多余泥沙，灰末少，干度足，水发量大。海参带刺多的，品质及口感会好一些。

螃蟹

螃蟹的选购

购买螃蟹时，不仅要看其是否新鲜，还要看是否肥嫩。品质上乘的螃蟹经过烹调后不仅味道鲜美，而且营养价值高。

看活力

将螃蟹翻转身来，腹部朝上，能迅速用腿弹转翻回的，活力强，可保存较长时间；不能翻回的，活力差，存放的时间不长。

挑雌雄

农历八九月里挑雌蟹，九月过后选雄蟹。因为雌、雄螃蟹分别在这两个时期中性腺成熟，此时的味道、营养最佳。

观外形

肚脐凸出来的，一般都膏肥脂满；凹进去的，大多膘体不足。凡蟹足上绒毛丛生的，表示该蟹的日常活动能力较佳；而蟹足无绒毛，则表示体软无力。

保存活螃蟹的窍门

首先把冰箱底部的抽屉盒取出，将需要贮存的活螃蟹放在盒内，让螃蟹呈自由状态，然后撒些黑芝麻等螃蟹喜欢吃的食物，这样贮藏的螃蟹三五天也不会死。或先取来大口的瓮等器皿，并在底部铺上一层黄泥，再稍放些水，使泥潮湿，然后把螃蟹放入其中，移放到阴凉处，最后在盛器上用透气的盖压住，可以使螃蟹保存很长时间。另外，在螃蟹上撒上厚厚的一层冰，也可以达到长时间保鲜的目的。

螃蟹的清洗

从市场上买回来的蟹，如果未经店铺处理，可采用开壳清洗法清洗。具体方法如下。

1.用软毛刷在流水下刷洗蟹壳，刮除蟹壳的脏物。

2.用刀将蟹壳打开，将蟹肉上的脏物清理掉。

3.将清洗干净的蟹沥干水分，即可进行后续的烹调。

螃蟹的切法

日常烹调螃蟹时，切块是较为常见的处理方式，这样的方式可使螃蟹在烹调中更容易入味，夹取食用也较为方便。具体切法如下。

取洗净的螃蟹，从中间对半切开，最后将蟹足尖切掉即可。

牡蛎

如何选购牡蛎

我国养殖牡蛎的区域广泛，主要分布在沿海，北起鸭绿江，南至海南岛。想要在餐桌上尝到美味的牡蛎，就要从选购着手。

观外形

在选购优质牡蛎时应注意选体大肥实、颜色淡黄、个体均匀、干燥、表面颜色褐红的。

闻气味

闻一闻气味是否自然，如果有腥臭味，即使很淡，也说明不是太新鲜，不要购买。

看闭合

轻轻触碰微微张口的牡蛎，如果能迅速闭口，说明牡蛎新鲜；如果“感应”较慢，或者“无动于衷”，则说明不太新鲜。另外，牡蛎通常大都是闭口的，若在摊位前看大量的牡蛎都是张着口的，也说明该处的牡蛎可能不太新鲜。

如何清洗牡蛎

购买回来的牡蛎，要经过细心清洗方可烹制食用，以免影响风味或食入有害物质。具体方法如下。

先用流水清洗干净牡蛎的外表面，之后放入盐水中浸泡，使之吐出杂质，多换几次清水，每次放入适量的食盐浸泡，使牡蛎内部的沙子吐干净。之后用刀撬开牡蛎壳，可以去除牡蛎壳，之后用清水清洗干净即可。

牡蛎的吃法

牡蛎的吃法很多，煎、炒、烹、炸皆可，带壳煮食最为方便，味道上乘。炭烧牡蛎（生蚝）是很多海鲜大排档的招牌菜。这种烹调牡蛎的方式操作简单，而且味道是原汁原味的，肉质甘香，富有韧劲，若能佐以蒜蓉食用，更能调动食欲。在节假日的时候我们也会在家里烧烤，不妨学着做这道炭烧牡蛎（生蚝）。

海带

海带质量的鉴别

良质海带色泽为深褐色或者褐绿色，叶片长而宽阔，肉厚且不带根。表面有微呈白色粉状的甘露醇，含砂量和杂质质量均少。

次质海带色泽呈黄绿色，叶片短窄而肉薄，一般含砂量较高。

海带的清洗

鲜货海带直接用清水清洗即可，若是干货则需浸泡，洗去杂质的同时减少盐分含量。这里介绍两种简单的清洗方法。

淘米水清洗法

将海带放进淘米水中，浸泡15分钟，用手揉搓清洗海带，然后将海带放在流水下冲洗干净，沥干水分即可。

毛刷清洗法

将泡发好的海带放入水盆中，用软毛刷轻轻刷洗两遍，然后将海带放在流水下冲洗干净，沥干水分即可。

安全食用海带

海带是我们日常接触较多的海藻类产品，其含碘量高，能有效补碘。而碘是甲状腺合成的主要物质，如果人体缺少碘会诱发甲状腺功能减退症。相反，甲状腺功能亢进患者则不宜食用。

豆腐富含蛋白质，食用后可以改善人体脂肪结构，但长期过量食用很容易引起碘缺乏。因此海带配豆腐能平衡人体内的含碘量，更具营养，有“长生不老的妙药”的美称。

海带的储存

将一时吃不完的海带沥干水分，每几张铺在一起卷成卷，放在保鲜膜上卷起来。依此方法将海带整理好，放冰箱中冷冻保存，想吃的时候只要拿出其中一卷化冻就可以直接使用了。此法可使海带保存3天，但口感和营养会有所下降，所以建议泡发的海带及时烹制后食用。

自制鲜辣海带片

1.海带洗净，入笼蒸30分钟，取出，切成片，放入容器内。

2.蒸好的海带片中加盐、辣椒粉拌匀，再加入少许干姜粉和适量凉开水拌匀，腌渍3天后即成。

海带变软的小窍门

1.用淘米水泡发海带，或在煮海带时加少许食用碱或小苏打，但不可过多，煮软后将海带放在凉水中泡凉，清洗干净，然后捞出即可食用。

2.把成团的干海带拿出来放在笼屉里隔水干蒸半小时左右，再用清水浸泡一夜。

使煮海带脆嫩的技巧

煮海带适度法

煮海带的时间不宜过长，否则海带会变硬。在煮的过程中，用手掐一下海带，见软立即捞出。

煮海带加碱或者小苏打法

煮海带时适当加点儿碱或者小苏打，这样煮出的海带会更柔软可口，十分鲜嫩。

煮海带加醋法

煮海带时，在锅里放入适量的醋，这样煮出的海带将会脆嫩可口。

干蒸法

若把海带放入锅里干蒸半小时后取出来，放入清水中浸泡一天，海带就会变得又脆又嫩，用来炖、炒、凉拌都可以。

多吃海带好处多

预防血管硬化

海带中含有一种叫作海带多糖的有效成分，能够降低人体血清总胆固醇、三酰甘油的浓度。海带多糖还具有抗凝血的作用，可阻止血管内血栓的形成。海带富含纤维素，可以和胆汁酸结合排出体外，减少胆固醇合成，防止动脉硬化的发生。

防治高血压

近些年来，医学家们发现缺钙是发生高血压的重要原因。而海带是一种含钙质比较多的碱性食品，能够调节和平衡血液的酸碱度。另外，海带还能够选择性滤除锶、镉等致癌物。海带中的大量纤维能够刺激肠蠕动增加，加速粪便排泄，可降低肠道内致癌物质的浓度，从而减少结肠癌和直肠癌的发病率。

健美人体

海带中的矿物质极为丰富，经常食用能够预防骨质疏松症和贫血症的发生，从而使身体挺拔壮实，牙齿坚固洁白，容颜红润。

肉类

猪肉

猪肉味美，在料理上用途广泛，焖烧、香煎、腌渍无一不可，在动物界中无物可比。腰内肉或里脊肉这种软嫩的猪肉最好用香煎或快烤方式烹调，上桌时肉汁四溢，最是美味。猪肚肉以及像猪腿肉这样较常运动的猪肉必须慢炖才可烧到软烂。而自然饲养的猪，肩胛肉的肥瘦比例是30：70，是做香肠绞肉的完美比例。

买猪肉宜肥瘦均匀

衡量猪肉好坏有很多指标，其中包括瘦肉中的脂肪含量。瘦肉中脂肪含量越高，肉越好吃，在购买时可用手捏一捏。

此外，就是肉的储存损失。现在很多国外猪肉储存损失很大，这也证明里面含有不少水分，烹饪后水分流失，吃到嘴里就像嚼木头。因此，人们买肉可用手捏一捏，用手感觉里面水分的多少。

要具体了解储存损失有多大，可买一块猪肉，24小时后再称重，以此计算储存损失。通常来说，外国猪肉的储存损失在38%，比较好的猪肉一般在28%左右。猪肉并非越瘦越好，很多瘦肉猪的上述指标都不理想。因此，人们还是选购肥瘦适中的猪肉比较好。

猪肉清洗的小窍门

猪肉不宜长时间泡水。猪肉烹调前不要用热水清洗，因为猪肉中含有一种肌溶蛋白的物质，在15℃以上的水中易溶解，若用热水浸泡就会损失很多营养，同时口味也欠佳。猪肉可以用淘米水或用醋洗，还可以在里面加点儿盐，起杀菌作用。

猪油或肥肉沾上污物杂质时，可将猪油或肥肉部分放入30℃~40℃的温水中浸泡，再用干净的包装纸慢慢擦洗，即可干净。

去猪肉异味的技巧

木炭去味法：将带有多条丝孔的木炭用温水洗净，把2~3根木炭与1000克猪肉同时放入锅内，在中等炉火上煮沸15~20分钟，肉的异味即可去除。

稻草去味法：猪肉存放的时间过长，会产生一股臭味。在烹饪时，先在水中放入3~5根稻草，然后将猪肉放入煮熟，最后再滴几滴白酒，捞出来沥干，切成片回锅炒一下，即可去除臭味。

去猪肉的血腥味的技巧

清水浸漂法：如宰杀不当，血放不干净，肉会有种血腥味。如用清水浸漂到肉发白，肉的血腥味即可去除。

加柠檬汁法：在肉上滴几滴柠檬汁，可消除血腥味，也可促使肉早些入味。

洋葱汁法：把肉切成薄片，浸泡于洋葱汁中，待肉入味后再烹调，就不会有腥味了。对于肉馅，可把适量洋葱汁搅入其中。

猪肉各部位最适合的烹饪方法

1.里脊肉。里脊肉是脊骨下面一条与大排骨相连的瘦肉。肉中无筋，是猪肉中最嫩的肉，可切片、丝、丁，炸、熘、炒、爆最佳。

2.臀尖肉。臀尖肉位于臀部的上面，都是瘦肉，肉质鲜嫩，一般可代替里脊肉，多用于炸、熘、炒。

3.坐臀肉。坐臀肉位于后腿上方，臀尖肉的下方臀部，全为瘦肉，但肉质较老，纤维较长，一般多用作白切肉或回锅肉。

4.五花肉。五花肉为肋条部位的肉，是一层肥肉、一层瘦肉夹起的，适于红烧、白炖和粉蒸等。

5.梅花肉。梅花肉位于肩里脊肉靠胸部的部位，肉质纹路是沿躯体走向延展的，因此筋肉之间附着细细的脂肪，做叉烧肉或煎烤都风味十足。

6.前排肉。前排肉又叫上脑肉，是背部靠近脖子的一块肉，肥瘦相间，肉质较嫩，适于做米粉肉、炖肉。

7.肘子。南方称其为蹄髈，即腿肉。其结缔组织多，质地硬韧，适于酱、焖、煮等。

煮猪肉的诀窍

1.肉块要切得大些。猪肉内含有可溶于水的呈鲜含氮物质，炖猪肉时其释出越多，肉汤味道越浓，肉块的香味会相对减淡，因此炖肉的肉块切得要适当大些，以减少肉内呈鲜物质的外逸，这样肉味可比小块肉更鲜美。

2.不要用旺火猛煮。一方面是肉块遇到高热，肌纤维会变硬，肉不易煮烂；另一方面是肉中的芳香物质会随猛煮时的水汽蒸发掉，香味减少。

3.在炖煮中少加水，以使汤汁滋味醇厚。

炖猪肉的技巧

小火慢炖法：炖猪肉时，在旺火烧开后，改用小火慢慢地炖，肉质就能够酥烂，肉里的油腻也就炖出来了，这样吃着肥而不腻。

鲜姜炖肉法：炖肉加入适量的鲜姜不仅会味道鲜美，而且会使肉质柔嫩。

先炒后炖法：先把需要炖的肉切成块，放入锅内炒一下，然后再放入调料以及水，急火烧开后，用小火慢炖。

砂锅炖肉法：砂锅比铁锅、铝锅传热缓慢且均匀，砂锅的内壁和盖子涂有一层油，可使食物不会产生化学反应，炖出的肉色正味美，保持食物原有的味道，所以用砂锅炖肉更香。

猪肝

如何选购猪肝

买猪肝时，根据外形、颜色、硬度等可以判断其品质优劣。

看颜色

表面有光泽、颜色紫红均匀的是正常猪肝。

摸硬度

感觉有弹性，无硬块、水肿、脓肿的是正常猪肝。

观外形

有的猪肝表面有菜籽大小的小白点，这是致病物质侵袭肌体后，肌体保护自己的一种肌化现象。把白点割掉仍可食用，如果白点太多则不要购买。

保存猪肝的窍门

将猪肝洗净，沥干水，在猪肝的表面均匀地涂抹一层油，放入冰箱冷藏室或阴凉处，再次食用时仍可保持猪肝原来的鲜嫩。

洗猪肝的窍门

用水冲5分钟，切成适当大小，再泡入冷水四五分钟，取出沥干，不仅可洗净，而且可去腥味。

猪肝的烹饪禁忌

因为猪肝是猪体内最大的毒物中转站和解毒器官，所以买回的鲜猪肝不要急于烹调，应把猪肝在流动水下冲洗15分钟，然后在水中浸泡30~40分钟。

烹调时间不要太短，至少应该在大火中炒5分钟以上，煮至全熟，变成灰褐色，或在煮汤时多煮一会。

猪肝的切法

猪肝改刀后既便于烹饪入味，又便于夹取食用。切法主要为切片和切条。

1.切片：先将猪肝切成几块，改切成片，装入盘中，备用即可。

2.切条：取洗净的猪肝一个，从中间切开，一分为二。取其中一块，从中间用平刀切开。再取其中的一片猪肝，从中间切一刀，一分为二。把切开的两块分开，取其中一块展平放好，用直刀将猪肝切条。把余下的猪肝切成条即可。

猪肚

如何选购猪肚

买猪肚时，根据外形、颜色、气味可以判断其品质优劣。

观外形

猪肚应看胃壁和胃的底部有无出血块或坏死的发紫、发黑组织，如果有较大的出血块就是病猪肚。

闻气味

闻有无臭味和异味，若有，就是病猪肚或变质猪肚，不要购买。

看颜色

挑选猪肚应看色泽是否正常。新鲜的猪肚富有弹性和光泽，白色中略带浅黄色，黏液多，质地坚而厚实；不新鲜的猪肚白中带青，无弹性和光泽，黏液少，肉质松软，如将肚翻开，内部有硬的小疙瘩，不宜选购。

如何清洗猪肚

1.白醋生粉清洗法：将猪肚放在盆里，加入适量白醋，再加适量生粉，用手揉搓、抓洗猪肚。将猪肚翻开，在白醋和生粉中清洗后，再放在流水下冲洗。将猪肚内外冲洗干净，沥干水分备用。

2.碱水清洗法：将猪肚放在盆里，加适量碱，注入清水搅匀，浸泡15～20分钟，用手揉搓、抓洗猪肚。然后用小刀在猪肚的内膜处轻轻切一刀，将猪肚的内膜刮除干净。用清水冲洗干净，沥干水分备用。

猪肚去除异味的窍门

面粉去味：猪肚洗后用面粉擦几遍再用水洗。出锅后放入冷水中，用刀刮去猪肚的白脐衣，用冷水洗到无滑腻感时，臭味就没有了。

胡椒去味：煮猪肚难免有一股异味，如用胡椒10粒左右，放在小布袋里，与猪肚同煮，便可去除异味。

食盐去味：猪肚、猪肠等内脏上有很多黏液，并有一股腥臭味，若用适量的盐和适量的明矾来洗，很快就可以除去黏液和异味。

酒醋去味：先用清水洗猪肠、猪肚，再用醋、酒混合搓洗，然后放入清水锅中煮沸，取出用清水洗净，异味即除。

酸菜水去味法：用酸菜水洗两遍猪肚和猪肠，臭味即可去除。

植物油去味法：用盐水把猪肚洗一遍后，放在盆里，抹上一层植物油。浸泡15分钟后，再用手慢慢揉搓一会儿，用清水冲洗干净即可。

猪肚这样炒既不韧又不烂

先焯后炒法

焯水是炒猪肚或猪大肠常用的方法，这种方法稍有难度，关键就是要掌握好焯水的时间和火候。

直接生炒法

猪肚对火候的要求极为严格，总的来说就是必须大火爆炒。

先卤后炒法

卤制可以去除猪肚和肥肠的韧性，同时还能让猪肚和肥肠提前入味。卤猪肚的时候不要加盐，因为猪肚遇到盐容易收缩，很快就会变得韧如橡皮筋。

猪大肠

猪大肠的选购与储存

质量好的猪大肠，颜色呈白色，黏液多，异味轻；色泽稍暗，有青有白，黏液少，异味重的质量不好。

将猪大肠处理干净后，用保鲜膜包好，放入冰箱冷藏，食用前取出，自然解冻即可。

如何清洗猪大肠

淘米水清洗法

将猪大肠放入盆中，加入适量的盐，再倒入白醋，搅拌后浸泡几分钟。将其翻卷过来，洗去脏物。然后捞出，放入干净的盆中，倒入淘米水泡一会儿，在流动水下搓洗两遍即可。

可乐清洗法

将猪大肠放入盆中，倒入一罐可乐，静置几分钟，搅拌并抓洗均匀。倒入淘米水，搓洗，放在水龙头下搓洗几遍。最后用清水冲洗干净，沥干水分即可。

猪大肠的切法

猪大肠改刀后既便于烹饪入味，又便于夹取食用，而且好的造型还能增加食欲。猪大肠的切法主要有切滚刀块、切圈、切段、切条等。

1.切滚刀块：取一段洗净的猪大肠，从一端开始斜切小块。边滚动，边斜切，将猪大肠斜切成同样的小块即可。

2.切圈：取一段洗净的猪大肠，从一端开始改刀，将猪大肠切成同样大小的圈状即可。

3.切段：将猪大肠平放在砧板上，用直刀法改刀。把猪大肠切成段，将切好的猪大肠静置备用。

4.切条：取一条洗净的猪大肠，切成两段。取其中一段，纵向剖开。将猪大肠切开，成大块。将大块猪大肠展平，准备纵向切条。最后，将猪大肠切成同样大小的条状即可。

猪蹄

如何选购猪蹄

买猪蹄时，根据外形、颜色、气味、硬度等可以判断其品质优劣。

观外形

选购猪蹄时，肉皮无残毛及毛根者为佳。

看颜色

猪蹄肉皮色泽红润，肉质略透明者为佳。

闻气味

品质良好的猪蹄，有着猪肉特有的气味。

摸硬度

好的猪蹄质地紧密，富有弹性，用手轻轻按压一下能够很快复原。

如何清洗猪蹄

猪蹄表面油腻，不易清洗，推荐下面两种清洗方法。

燎刮清洗法

将猪蹄用火钳夹住，放在明火上烧，并不断转动，以便使整只猪蹄的毛都能被火烧掉，然后将其放在砧板上，用刀刃轻轻刮掉猪蹄表皮的黑色煳皮，再用清水冲洗干净即可。

水煮法

将猪蹄用清水洗净，在开水中煮到皮发胀，然后取出，用指钳将毛拔除，再略为冲洗即可，省时省力。

猪蹄的烹饪技巧

1.猪蹄带皮煮的汤汁不要浪费，可以煮面条，味道鲜美，而且富含有益于皮肤的胶质。

2.若猪毛多，可以将松香先烧熔，趁热泼在猪蹄上，待松香凉了揭去，猪毛随之全掉了。

3.猪蹄作为通乳食品进行食疗时，应少放盐，不放味精。

吃猪蹄能美容

猪蹄含有比较多的蛋白质、脂肪和碳水化合物，并含有钙、镁、磷、铁以及维生素A、维生素B_1、维生素B_2、维生素C、维生素D、维生素E、维生素K等营养成分。猪蹄富含胶原蛋白，多吃可使皱纹推迟产生和减少，对人体皮肤有比较好的保健和美容作用。猪蹄具有补血、通乳、去寒热等作用，可用于产后乳少、疮毒、虚弱等症。猪蹄有润滑肌肤、填肾精、健腰脚等功效，有助于防治脚气病、关节炎、贫血、老年性骨质疏松症等疾病，还有助于青少年生长发育、强健身体。

但猪蹄油脂比较多，动脉硬化、高血压等患者少食为宜。痰盛湿阻、食滞者应当慎用。

牛肉

食用牛肉要用来自天然蓄养的牲畜，不喂生长激素、抗生素和肉类副食品。这样的牛肉较普遍，而且不贵。

一般都将牛肉分为三类：一是肉质软嫩，可快火煎、平锅烧，也可用炙法或烧烤，各种料理方式皆很美味；二是肉质坚韧，布满大理石油花，如牛胸和牛腱，这类肉最好焖烧，烧到结缔组织入口即化最美味；三是大块重度使用的肉，如牛股与牛后腿，这类肉既不细致柔软，也没有油花满布的大理石花纹，更没有特殊风味，但不失为经济实惠的选择，如果料理得宜，入口的满足绝对不逊于最贵的牛肉。

牛肉可以生食，但市场上卖的绞肉可能带有病原体，特别要注意感染大肠杆菌的危险，大肠杆菌存在于肉的表层，无法深入内层肌肉。市场上卖的绞肉汉堡若未经煮熟，孩童及身体不适的人必须避免。当作生牛肉料理时，切记要买整块牛肉自己料理，洗干净后用盐腌，自己切或绞肉较好。

牛肉各部位最适合的烹饪方法

1.颈肉：脂肪少，红肉多，带筋，肉质干实，肉纹较乱。其硬度仅次于牛的小腿肉，为牛身上肉质第二硬的部分，适宜制馅、炖、煮汤。

2.肩肉：由互相交叉的两块肉组成，纤维较细，口感滑嫩。油脂分布适中，但有点儿硬，肉也有一定厚度，所以能吃出牛肉特有的风味，可做涮牛肉，或切成小方块拿来炖或烤着吃。

3.上脑一级：牛脊背的前半段，筋少，肉质极为纤细，极嫩，有大理石花纹沉积。脂肪交杂均匀，有明显花纹。适合拿来做牛肉卷、牛排等。

4.眼肉：一端与上脑相连，另一端与外脊相连。外形酷似眼睛，脂肪交杂，呈大理石花纹状。肉质细嫩，脂肪含量较高，口感香甜多汁。适合涮、烤、煎。

5.外脊：也称沙朗，为牛背部的最长肌。肉质为红色，易有脂肪沉积，呈大理石斑纹状。我们常吃的沙朗牛排用的就是这块肉。

6.里脊特级：也称牛柳或菲力，牛肉中肉质最细嫩的部位，大部分都是脂肪含量低

的精肉，是运动量最少、口感最嫩的部位。常用来做菲力牛排及铁板烧。

7.腱子肉：分前腱和后腱，熟后有胶质感，适合红烧或卤、酱牛肉。

8.牛霖：指的是牛后腿的膝盖位置，因为这块肉的自然形状是圆的，所以有的厨师称它为“和尚头”。这个部位的肉肉质较嫩，不带肥脂，剔除筋后，肉呈大块状，易于成型，因此在烹制菜肴时用途较广。市场上，牛霖多用于切丝、牛柳，或切成大片状，做牛排用。制作牛霖的菜肴要先将其放进保鲜袋，加进酱料之后按摩一下，然后就可以烹调了。

9.菲力：又叫嫩牛柳、牛里脊，是牛脊上最嫩的肉，几乎不含肥膘，因此很受爱吃瘦肉的朋友的青睐。由于肉质嫩，煎至三成熟、五成熟和七成熟皆宜。6个月的小牛菲力，产量少，肉质更为嫩滑，经过腌渍浸泡，用180℃左右的油温煎至约七成熟，肉质有弹性，配上酱料，口味鲜美。

10.牛腩：是指带有筋、肉、油花的肉块。牛腩是一种统称，若依部位来分，牛身上许多地方的肉都可以叫牛腩。最主要的是牛胸腩和牛腹腩，牛胸腩肥油不多，牛腹腩比较肥。

储存牛肉的窍门

可把新鲜牛肉放在1%的醋酸钠溶液里浸泡1小时，然后取出，可存放3天。或把新鲜牛肉按照每顿食用量分割成小块，装进保鲜袋，冷藏或冷冻，但事先不能清洗。

如何将牛肉炒得鲜嫩

1.顺纹切条，横纹切片。

2.将牛肉用酱油腌过，用淀粉或蛋清拌匀。

3.在拌肉时加少许油，腌渍1~2小时，这样油会渗入肉中，入油锅炒时，肉中的油会因膨胀将肉的粗纤维破坏，这样肉就鲜嫩了。

4.炒牛肉时油要多、要热，火要大，炒七分熟即可，不要炒太久，以免太老。

炖牛肉熟得快的小窍门

1.在炖牛肉的时候加一把茶叶，大约可以泡一壶茶的量即可，用纱布把茶叶包好与牛肉同煮。用这种方法炖牛肉炖得快，味道也更鲜美。

2.煮牛肉时，放两三个带壳核桃或几个山楂，不仅熟得快，而且去膻味。

炒牛肉不缩水的窍门

炒薄牛肉片时，很容易缩成一块，有时连牛扒都会有这种情况出现。解决方法很简单，就是先将与肉片同等分量的水烧热，加少许盐、胡椒粉，再放肉片进去灼烧，动作要快。之后不管是炒牛肉片还是炸牛肉片，都不会再缩成一块。

煮牛肉易熟烂的技巧

表层涂芥末法：老牛肉质地粗糙，很不容易煮烂。在煮前，可先在老牛肉上涂一些芥末，放6~8小时后，用冷水冲洗干净，即可烹制。经过这样处理的老牛肉不仅易煮烂，而且肉质也可变嫩。煮时若再放适量料酒和醋，肉就容易煮烂了。

加茶叶法：煮牛肉时，先缝一个纱布袋，袋里放进少量茶叶，把纱布袋扎好，放入锅内同牛肉一起煮。这样牛肉熟得快，且味道清香。

加山楂片法：在煮牛肉时，可把牛肉切成块，与山楂片、调料以及足量的水一起入锅，最后放盐，这样牛肉就易熟易烂了。

加木瓜皮法：煮牛肉时放些嫩木瓜皮，牛肉即可熟烂得快。

烧牛肉更鲜美的技巧

红烧牛肉时，加入适量雪里蕻，可使牛肉味道更加鲜美。

牛肚

如何选购牛肚

购买牛肚时，可以根据外形、颜色、气味、硬度等判断其品质的优劣。

闻气味	摸硬度
新鲜的牛肚气味正常，无异味，尤其是无腐臭味。	触摸牛肚，组织有弹性、不糜烂、不僵硬的宜选购。

观外形

正常的牛肚均匀且不太厚，黏液较多，有弹性，组织坚实，无硬块，无硬粒。

看颜色

上等的牛肚色白略带浅黄，呈自然的淡黄色。如果叶片肥厚，且颜色白净，通常是使用药水浸泡过的，是坚决不能选购的。牛肚呈淡黄色，说明牛是自然喂养长大的。另外还有一种牛肚是黑色的，说明这头牛可能是人工饲料养大的，这种牛肚也不建议选购。

如何清洗牛肚

1.淘米水清洗法：将牛肚放进盆里，加入清水，再加入淘米水，搅匀。牛肚放在淘米水中浸泡15~20分钟，然后反复搓洗，再用清水把牛肚冲洗干净，沥干水分即可。

2.盐醋清洗法：将牛肚放在盆里，加入清水和适量的盐、白醋，用手搅匀，浸泡15分钟左右。用双手反复揉搓牛肚，再用清水冲洗干净，沥干水分即可。

牛肚的切法

牛肚改刀后既便于烹饪入味，又便于夹取食用，而且好的造型还能增加食欲。牛肚的切法主要有切片、切丝等。

1.切片：取清洗干净的牛肚，一分为二地切开。取其中的一块，依次斜刀切成片状即可。

2.切丝：取一块洗净的牛肚，将不规则的地方切掉。将整块牛肚切成同样大小的细丝即可。

羊肉

如何选购羊肉

买羊肉时，根据颜色、外观、气味等可以判断其品质优劣。

观外形

好的羊肉肉壁厚度一般为4~5厘米，有添加剂的一般为2厘米左右。

看颜色

一般无添加的羊肉颜色呈清爽的鲜红色，有质量问题的羊肉呈深红色。

闻气味

正常羊肉有一股很浓的羊膻味，有添加剂的羊肉膻味很淡且带有臭味。

羊肉分类及食用方法

脖颈。脖颈部的肉。质地老，筋多，韧性大。适合烧、炖及制馅。

上脑。脖颈后、脊骨两侧、肋条前的肉。质地较嫩，适合熘、炒、氽等。

肋条。连着肋骨的肉。外覆一层薄膜，肥瘦混合，质地松软。适合扒、烧、焖和制馅等。

外脊。脊骨两侧的肉。纤维细短，质地软嫩。适合烧、炒、煎、爆等。

胸口。脖颈下、两前腿间的肉。肥多瘦少，无筋。适合烧、焖、扒等。

里脊。紧靠脊骨后侧的长肉。纤维细长，质地软嫩。适合炒、炸、煎等。

三岔。脊椎骨后端、羊尾前端的肉。有一层夹筋，肥瘦各半。适合炒、爆等。

磨裆。尾下臀部的肉。质地松软，适合爆、炒、炸、烤等。

黄瓜条。磨裆前端、三岔下端的肉。质地较老，适合炸、爆等。

腰窝。后腹部、后腿前的肉。肥瘦夹杂，有筋膜。适合炖、扒等。

腱子。前后腿上的瘦肉。前腿上的称前锤子，后腿上的称腱子。肉中夹筋，筋肉相连，适合酱制。

羊尾。绵羊尾全是脂肪，肥嫩浓香，膻味较重，适合炸和拔丝。

羔羊肉的羊骚味少

出生后未满一年的小羊的肉叫作羔羊肉，成年羊的肉则叫作成羊肉。羔羊肉的特点在于比成羊肉嫩，骚味也很少。随着保存方式的不断进步，现在消费者能轻松买到产后4~6个月无骚味的羔羊肉，不用担心吃羊肉时的骚味问题。骚味来自脂肪，因此要选择脂肪部位白皙、红色的地方没有发黑且带有光泽的羊肉。

去除羊肉膻味的小窍门

1.煮制羊肉时放数个山楂或一些萝卜、绿豆，可去膻味。

2.炒羊肉时，油热后先用姜、蒜末炝锅，再倒入羊肉煸至半熟，放入大葱、酱油、料酒等煸炒几下，起锅时加入少许香油，这样炒熟后的羊肉味道鲜香，膻味全无。

3.烧羊肉时放点橘皮、红枣等，不仅可以除膻，而且香喷喷的羊肉中还会夹有橘香、枣香。

4.炖羊肉时用纱布包一点茶叶，与羊肉一起煮，待羊肉熟后将茶叶袋捞出，可除去膻味。

5.萝卜去膻法。将白萝卜戳上几个洞，放入冷水中和羊肉同煮，滚开后将羊肉

捞出，再单独烹调，即可去除膻味。

6.米醋去膻法。将羊肉切块放入水中，加一点米醋，待煮沸后捞出羊肉，再继续烹调，可除羊肉膻味。

7.绿豆去膻法。煮羊肉时，若放入少许绿豆，亦可去除或减轻羊肉膻味。

8.咖喱去膻法。烧羊肉时，加入适量咖喱粉，一般以1000克羊肉放半包咖喱粉为宜，煮熟煮透后即为没有膻味的咖喱羊肉。

9.料酒去膻法。将羊肉用冷水浸泡并洗几遍后，切成片、丝或小块装盘，然后每500克羊肉用料酒50毫升、小苏打25克、盐10克、白糖10克、清水250毫升拌匀，待羊肉充分吸收调料后，再取蛋清3个、淀粉50克上浆备用。此时，料酒和小苏打可充分去除羊肉中的膻味。

10.药料去膻法。烧煮羊肉时，用纱布包好碎的丁香、砂仁、豆蔻、紫苏等同

煮，不但可以去膻，还可使羊肉具有独特的风味。

11.浸泡除膻味。将羊肉用冷水浸泡2~3天，每天换水2次，使羊肉肌浆蛋白中的氨类物质浸出，也可减少羊肉膻味。

12.橘皮去膻法。炖羊肉时，在锅里放入几个干橘皮，煮沸一段时间后捞出扔掉，再放入几个干橘皮继续烹煮，也可去除羊肉膻味。

13.核桃去膻法。选上几个质好的核桃，将其打破，放入锅中与羊肉同煮，也可去膻。

14.山楂去膻法。用山楂与羊肉同煮，去除羊肉膻味的效果更佳。

15.加甘蔗、萝卜法。炖羊肉时，在锅里放几节甘蔗和两个扎孔的萝卜，再放入几粒绿豆，炖熟后，羊肉的腥膻味就没有了。

羊肝

如何选购羊肝

外观呈褐色、紫色的新鲜羊肝为正常的。手摸坚实无黏液，闻之无异味者为好羊肝。颜色呈紫红，切开后有余血外溢，有脓水疱的不要购买。

烹饪羊肝的技巧

羊肝的烹调时间不能太短，至少应该在急火中炒5分钟以上，使肝完全变成灰褐色，并看不到血丝。

如何清洗羊肝

羊肝中含有较多毒素，而且容易携带细菌，烹制前应选择有效的清洗方法进行清洗。

浸泡清洗法

肝是体内最大的“毒物中转站”和解毒器官，应把肝放在水龙头下冲洗10分钟，然后浸泡30分钟。

面粉清洗法

羊肝先在清水中浸泡10分钟，然后撒上面粉，轻轻揉搓表面，除去秽味，再用清水冲净即可。

羊肝如何保存

羊肝营养丰富、味道鲜美，但由于质地细腻而不易保鲜。为防止其变质，可采用以下方法来保存。

1.冰箱冷藏法：在羊肝外面涂上一层食用油，放进冰箱冷藏，可保持原色、原味，且不易干缩。

2.豆油保存法：生的或已煮熟切好的羊肝一时吃不完，用豆油将其涂抹搅拌，然后放入冰箱冷藏室内，就会大大延长羊肝的保鲜期。

鸡肉

如何选购鸡肉

活鸡和处理过的鸡肉，在市场上都有出售，两者的选择方法不同。健康的活鸡精神饱满，羽毛致密而油润；眼睛有神，眼珠灵活，眼球占满整个眼窝；冠与肉髯颜色鲜红，冠挺直，肉髯柔软；两翅紧贴身体，毛有光泽；爪壮有力，行动自如。病鸡则没有以上特征。选购处理过的鸡肉，可以从以下两个方面入手。

观外形

新鲜质优的鸡肉，形体健硕，腿的肌肉摸上去结实，有凸起的胸肉。反之，若鸡肉摸上去松软，腹腔潮湿或有霉点，则质量不佳；变质鸡的肌肉摸起来软而发黏，腹腔有大量霉斑。新鲜鸡眼球饱满；次鲜鸡眼球皱缩凹陷，晶体稍显浑浊；变质鸡眼球干缩凹陷，晶体浑浊。

看色泽

新鲜的鸡肉肉质紧密排列，颜色呈干净的粉红色而有光泽；皮呈米色，有光泽和张力，毛囊凸出。

炖出香浓鸡汤的要点

以下是炖出一锅香浓鸡汤的做法要点。

1.首先，锅中加入适量清水，将砍好的鸡肉块放入，水要没过鸡肉，大火煮滚后马上捞出鸡肉洗净（一定要冷水下锅，这样炖好后汤面上才不会有讨厌的血污）。

2.将清洗过的鸡肉放入高压锅中，加入厚姜片、小葱2根，加入一汤匙料酒（最好用绍兴黄酒），放入清洗好的枸杞、党参、当归（少放，一小片即可）、红枣（几粒即可，放多汤会有酸味）、桂圆肉3粒，如怕上火，可去掉当归，加5克玉竹、薏米，少加一点盐（使鸡肉入味），加水没过鸡肉并适当高出一些，盖上锅盖和阀，放在炉子上大火煮开。

3.高压锅喷气后改中火压5分钟，再改小火压10分钟（可保持汤是清汤，不会浑浊），关火等待高压锅气压降低。

4.放气打开锅盖后，拣出姜、葱，加入适量的盐和鸡精调味（依个人喜好），一锅香喷喷的鸡汤就做好了。

5.如果用普通汤锅炖，水要多加些，不可中途添水，否则汤就不醇香了。大火炖10分钟，然后小火炖1小时（这里指嫩鸡，如炖老母鸡时间要延长一倍），再调味即可。

6.还可以用有盖的陶瓷容器隔水炖（这种炖法味道最醇，是粤菜常用的炖法），将加好料的容器盖好盖子放入蒸锅中，大火蒸2个小时左右即成。

7.如果使用汽锅炖，则不用放水，靠蒸汽凝结成汤水，味道很浓香醇厚，炖法和隔水炖相似。

煮老鸡易熟烂的小窍门

老一点的鸡一般不太容易煮烂，但如果在煮鸡的汤里放一两把黄豆和鸡同煮，这样鸡肉就很容易煮烂了。

鸡肉去腥味小窍门

1.给现宰杀的鸡肉去腥。需要原料：盐、胡椒、啤酒。

方法：先在一个大的容器里接满清水，放入刚宰杀的鸡，然后再分别加入啤酒、胡椒粉和盐。为了使鸡肉能够充分地吸收调料的味道，要不停地来回旋转鸡肉，就这样持续2分钟，之后再浸泡鸡肉20分钟。用这个方法能够去除鸡肉的腥味，因为啤酒、胡椒中都含有刺激性的味道，经过浸泡鸡肉中的腥味被盖了过去。这样做也不用担心鸡肉的味道会有什么影响。20分钟后将浸泡鸡肉的水倒掉，鸡肉捞出后就没有腥味了。

2.给冻鸡肉去腥味。需要原料：生抽、姜。

方法：先把姜切成末，放入碗中，倒入生抽和鸡肉拌匀，静置腌渍10分钟，鸡肉中的怪味就没有了。

鸭肉

如何选购鸭肉

买鸭肉时，根据颜色、气味、硬度等可以判断其品质优劣。

看颜色

鸭肉的体表光滑，呈现乳白色，切开鸭肉后切面呈玫瑰色说明是质量良好的鸭肉。

闻气味

好的鸭肉香气四溢，而质量一般的鸭肉，能够闻到腥霉味。

摸硬度

新鲜优质的鸭肉摸上去很结实。如果摸起来松软，有黏腻感，说明鸭肉可能已变质，不要购买。

鸭肉烹饪技巧

1.鸭肉有一股很大的腥味，可将鸭子尾端两侧的臊豆去掉，因为其腥味多半来自此处。

2.老鸭用猛火煮不好吃，可先用凉水和食醋泡上2小时，再用微火炖，肉就会变得香嫩可口。

3.在炖鸭汤时加入几片橘皮或者芹菜叶，不仅能使汤的味道清香，还能减少油腻感。

鸭肉的清洗方法

1.盐水清洗法：宰杀后的鸭子即刻用冷水将鸭毛浸湿，然后用热水烫。在烫鸭子的水中加入少许食盐，这样鸭毛都能褪净（去除鸭毛要用滚烫的开水，拿着鸭脚，不断翻转几下，毛就可以快速拔下）。拔完毛之后再用清水清洗干净。

2.姜汁清洗法：经过处理的冷冻鸭肉可以先放在姜汁中，浸泡半个小时后清洗，再汆去血水，捞出备用。这样不但容易洗净，还能除腥、增鲜，恢复肉类固有的新鲜滋味。

3.汆烫清洗法：鸭肉用清水略冲洗，斩块。锅中烧开足量的水，下入鸭肉块，汆煮2分钟出血水，倒掉血水，用清水将鸭肉冲洗干净即可。

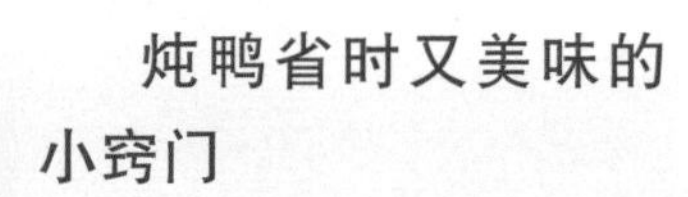

炖鸭省时又美味的小窍门

炖老鸭时，为了使老鸭烂得快，可放几只螺蛳一同入锅烹煮，任何陈年老鸭都会炖得酥烂。

主食杂粮类

大米

如何选购大米

想要煮出好吃的大米饭，先决条件就是大米本身要好。购买大米时，可以从颜色、味道、气味等方面来判断其品质优劣。

看颜色

一是看新粳米色泽是否呈透明玉色状，未熟粒米可见青色（俗称青腰）；二是看新米“米眼睛”（胚芽部）的颜色是否呈乳白色或淡黄色，陈米颜色较深或呈咖啡色。

尝味道

新米含水量较高，吃上一口感觉很松软，齿间留香；陈米则含水量较低，吃上一口感觉较硬。大米要注意保存，可以放进能够完全密封的不锈钢容器里，这样可不必担心被其他食品的气味影响。

闻气味

新米有股浓浓的清香味；陈谷新轧的米少清香味；而存放一年以上的陈米，只有米糠味，闻不到清香味。

大米生虫不要晒

由于存放不当或时间太长等原因，大米会生虫。一般情况下，人们会把大米拿到阳光下晾晒，其实这种做法是不正确的。这样做不仅对减少虫子没有帮助，还会使大米损失水分，变糙易碎。正确的方法是用筛子把米筛一遍，把米、虫分离。另外，在大米的存放上还应该注意以下几点。

1.大米不宜存放在厨房内，因为厨房温度高且湿度大，会影响米质。

2.不宜与鱼、肉、蔬菜、水果等水分高的物品同时储存，以免大米受潮霉变。

3.大米不宜靠墙着地存放，应放在垫板上，以防止霉变和生虫。

4.不宜用卤缸或卤坛子存放，大米会吸收这些容器上残留的腌肉或者腌菜的异味，导致大米变味，不仅不好吃，还会破坏营养。

大米防霉的小窍门

1.无氧保存法。先把需要存放的大米放在通风处摊开晾吹干透，然后把大米装入透气性比较小的无毒塑料口袋内，扎紧袋口，放在阴凉干燥处，这样大米可以保存比较长的时间。

2.草木灰吸湿保存法。在盛米的缸底铺一层草木灰，然后倒入晾干吹透的大米，并将米缸盖严，置于阴凉干燥通风处，即可保存比较长的时间。

3.把干海带放进大米缸里，可以杀虫和灭真菌。方法是100千克大米约放1千克干海带，7天后可杀死96%以上粉螨和蛾类害虫，并吸收大米中3%的水分。海带经短时间晾晒，就可排放出吸收的水分，这时再放入米缸中，仍可继续使用。

米饭制作的小贴士

1.煮饭时，加少量盐、少许猪油，饭会又软又松；滴几滴醋，煮出的米饭会更加洁白、味香。

2.如果加热时间过长，维生素B_1损失会超过30%；如果撇去米汤水，维生素损失会超过40%。

3.做米饭最好“蒸”，蒸饭比“捞”饭可多保存5%的蛋白质、18%的维生素B_1。

陈米也可以蒸出新米的味道

如果家里的米已经是陈米了，我们只要在烹饪中稍做调整，陈米也可以蒸出新米的味道。在洗米、泡米、加水后，我们在锅里加入少量精盐或花生油（必须是烧熟晾凉的）。然后插上电，开始蒸煮。一锅颗粒饱满、剔透晶莹、米香四溢的米饭就完成了。

煮饭不粘锅的小窍门

加植物油法：在煮饭的水中加1汤匙植物油，不仅饭粒不会粘在一起，而且也不粘锅底。

温水下米法：煮粥时，先不要放米，待锅里的水温升至50~60℃时再放米，就能够防止粘锅了。

巧煮米饭味道香

提前淘米法：煮饭的米需要提前淘洗，新米提前1小时，陈米提前2小时，使米充分吸足水分，这样煮出的饭香润可口。

加盐油法：把米淘洗干净后，加一小撮盐和一小勺植物油，然后入锅，这样煮出的饭粒粒闪光，味道香，口感好。

加生姜煮饭不易馊：夏天煮饭时，取1小块生姜放入锅里，煮出的饭可以放置一天不馊。此外，生姜性微温、味辛，煮出的饭不仅味道好，而且还可防治呕吐、咳嗽等感冒症状。

加醋煮饭不易馊：煮米饭时，往水里加几滴醋，煮出来的米饭洁白诱人，且不易馊。

做八宝饭的技巧

八宝饭需要做得色泽美丽，饭甜糯口，韧而不粘牙，是有很大讲究的。具体做法如下。

制豆沙。把红豆用旺火煮1小时左右，见外皮破裂成粥状，把红豆捞出，不要留渣，然后用勺研细，同时把与红豆重量相等的糖倒入豆沙汤中熬制，再将磨细的豆沙放入，以不太旺的火力烧煮。边煮边炒，不能有焦味。约炒15分钟成厚浆，即将桂花放入，稍微搅拌即可。

蒸糯米。把糯米淘洗干净，放在冷水中浸五六个小时，捞出，再以清水冲洗后沥干，松散地放入垫有薄布的蒸笼中，不加盖，以旺火蒸约20分钟。见蒸气上冒，米成玉色时，在米上喷些冷水，加笼盖，继续蒸约5分钟。至蒸气直冒笼顶，即可倒入白砂糖、熟猪油、开水，混合搅拌均匀。

装碗。准备红枣、什锦蜜饯等若干，分撕成片或条，先在碗内涂熟猪油，把上列原料分成数份，搭配分开，不要集中在一处。再放入1000克左右的糯米，用手沿碗口按平。

蒸饭。把装碗的八宝饭放入蒸笼以旺火蒸，时间上蒸得越久越好，使糖油蒸入米内，米成红色味道更佳。蒸好后，装入盆内上桌。

焖饭好吃的技巧

焖米饭既好吃，又能够保证营养不损失。但焖米饭也需要讲究方法。

需要掌握大米的特点。常见的大米有籼米、粳米和糯米3种。籼米硬度中等，黏度较小，做出的饭口感粗糙；粳米硬度高，米饭柔软有油性；糯米不宜焖饭。

方法要适当。在家里焖饭，可将籼米和粳米掺在一起。淘洗好米之后，放铝锅内，加适量温水在煤气灶上用旺火烧开，改用中火，盖锅焖，待水分将干时，转微火烘烤，饭即焖好。

炒米饭技巧：加酒

在炒米饭时，如果加适量酒，炒出来的米饭一粒一粒的，且松软可口。

煮米饭的窍门

加醋。做一锅米饭，往往有吃不完的时候。如果过一天再吃，即使不馊，饭粒也会发硬，而且色香味都远不如新做的米饭。若在做饭时，在水中加一点醋，则只要米饭不馊，可保持米饭松软以及原来的色香味1个星期左右。醋的用量一般为用米量以及用水量之和的5%。比如，用1千克米，加水1500毫升，应该加醋约12毫升。

加开水。人们一般习惯用冷水煮饭，特别是用自来水烧饭，这时水中所含氯气会使得维生素B_1损失接近10%。若改用开水烧饭，则可避免这种损失。

加茶水。在日本，用茶水煮饭已经普及到每个家庭。谁如果胃胀、消化不良，只要吃几餐用茶水煮的饭，这些不适就可消除。这种饭不仅色香味俱全，而且可去腻、洁口、化食。

茶水烧饭的方法。可取0.5克茶叶加开水500毫升。泡好后滤去茶叶，把茶水倒入已经淘好的水中，一般水面高出大米3厘米，也可根据实际需要进行调整，以决定米饭的软硬程度。煮好即可食用。注意不要用隔夜茶水煮饭。

加粳米。籼米做出的饭松散发沙，没有黏性。煮饭时，如在籼米中加少量盐和熟植物油，或者按籼米总量的1/5加入粳米或者糯米，煮出的米饭香糯可口。

使煮饭营养高的技巧

减少淘洗法。在淘米时要尽量减少淘洗次数，以减少营养的流失。

加入麦片法。煮米饭时，加入2%的麦片或豆类，不但好吃，而且富有营养。

加鸡蛋壳法。把鸡蛋壳洗净放入锅中，微火烤酥，研成粉末，掺入淘洗好的米中，即可煮成高钙质米饭，不管正常人还是缺钙的人食用都有好处。

做盖饭的技巧

盖饭，就是配料烹制后，不与米饭同炒，而是浇在米饭上。盖在饭上的菜肴，要求鲜香、味厚、勾芡，食用时拌和均匀。盖饭品种很多，如咖喱牛肉盖饭、咖喱鸡肉盖饭等。咖喱牛肉盖饭的具体做法是：投料标准为米饭200克，熟牛肉50克，熟土豆25克，洋葱头25克，猪油25克，咖喱粉75克，黄油、

盐、鸡汤、湿淀粉各适量。米饭盛入盘中，把熟牛肉切成块，土豆切滚刀块，洋葱头切成小块。锅架火上，放入猪油，油烧热放入洋葱，煸出香味，再放入咖喱粉，炒出香味，放入鸡汤，放入牛肉和土豆块，加黄酒、盐，用小火煨透，汁见少时勾芡，盛出，浇到饭的一边。成品味道鲜美，香味浓厚，看上去色泽油黄。

烹饪意大利炖饭

意大利炖饭，主要材料为短粒米，配上酒、调香蔬菜、调味料、油脂。与众不同的是，做炖饭需要一面加入汤料，一面不断搅拌。炖饭的正确料理程序如下：首先将洋葱丁炒到透明，然后开大火，加入米拌炒，分量每次一小把，炒到焦黄且被油脂包覆，再加入白酒一面搅一面煮，把酒精煮掉，闻不到任何呛鼻的酒味，然后将鸡高汤或蔬菜汤加入锅中，放到刚好盖过米饭的位置。加入汤后仍要不停搅拌，让高汤米饭成为一体，拌到汤汁要收干时，可再加汤，然后用盐调味。重复这些步骤直到米饭软黏。关火后拌入油脂，最后盛盘时再撒一些奶酪，要立刻享用。请注意炖饭也是可以餐前就预先准备好的料理，将炖饭煮到七成熟，再倒在盘子或托盘上放凉，等到需要时再完成后续程序，当然炖饭做好后最好尽快享用。意大利炖饭有各式各样的变化，有咸的也有甜的，可用红酒代替白酒，再搭配肉或蔬菜，也可将部分奶油、鲜奶油换成蔬菜泥，做出来的炖饭更干净，带着更清新的菜香。

重蒸剩米饭的小窍门

重新蒸的米饭总有一股异味，不如新蒸的好吃。在蒸剩饭时，放入少量食盐水，即能除异味。

小米

如何选购小米

小米体形小，可以从外形、气味、味道等方面去对比挑选。

观外形

优质小米米粒大小、颜色均匀，呈乳白色、黄色或金黄色，有光泽，很少有碎米，无虫，无杂质。

尝味道

优质小米尝起来味佳，微甜，无任何异味。劣质小米尝起来无味，微有苦味、涩味及其他不良滋味。

闻气味

优质小米闻起来具有清香味，无其他异味。严重变质的小米，手捻易成粉状，碎米多，闻起来微有霉变味、酸臭味、腐败味或其他不正常的气味。

如何保存小米

保存小米最好的办法就是将小米放在阴凉、干燥、通风较好的地方。小米不宜放在水多的地方，否则容易受潮，引起变质或者发霉，变质和发霉的小米是千万不可食用的。小米也不宜放在阳光暴晒的地方，这样也容易变质或者发霉。在保存小米之前，要先将小米的糠杂去除，保存好后如果发现小米发热，要及时除糠、降温，否则容易霉变。

小米是理想的营养食品

小米又称粟米、粟谷等，营养丰富，富含蛋白质、脂肪、糖类、B族维生素和钙、磷、铁等，容易被消化吸收，故被营养专家誉为“保健米”。

小米具有健脾和中、益肾气、补虚损等功效，是脾胃虚弱、反胃呕吐、体虚胃弱、精血受损、产后虚损、食欲缺乏等患者的良好康复营养食品。小米养胃，适合脾胃虚弱、消化不良、病后体弱的人以及儿童经常食用。小米能够滋养肾气，清虚热，利小便，治烦渴。

吃小米的注意事项

由于小米性稍偏凉，气滞者和体质偏虚寒、小便清长者不宜过多食用。

小米应用凉水淘洗，不能用手搓，以避免营养成分流失，且不要长时间浸泡。熬小米粥时不要加碱，以防破坏其中的B族维生素。

燕麦

如何选购燕麦

市面上的燕麦一般是精加工过的，可以通过以下方法来辨别燕麦质量的优劣。

看形状

尽量选择能看得见燕麦片特有形状的产品，即便是速食产品，也应当看到已经散碎的燕麦片。

试黏度

尽量不要选择口感细腻、黏度不足的产品，因为其燕麦片含量不高，而糊精之类的成分含量高。

品甜味

尽量不要选择甜味很浓的产品，这意味着其中 50%以上是糖分。

看添加

尽量不要选择添加奶精或植脂末的产品，因为这些成分对健康不利。

看蛋白质

如果包装不透明，注意看一看产品的蛋白质含量。如果在8%以下，那么其中燕麦片比例过低，不适合作为早餐的唯一食品，必须配合牛奶、鸡蛋、豆制品等蛋白质丰富的食品一起食用。

别把麦片当成燕麦片

燕麦片是燕麦粒轧制而成的，呈扁平状，与黄豆粒大小差不多，形状完整（速食燕麦片有些散碎感，但仍能看出其原有形状）；麦片则是小麦、大米、玉米、大麦等多种谷物混合而成的，燕麦只占一小部分，或根本不含有燕麦片。国外麦片多加入水果干、坚果片与豆类碎片，相对好一些，至少可使膳食纤维更丰富一点；国内麦片则不然，加入的多是麦芽糊精、砂糖、奶精、香精等，砂糖和糊精会提高血糖上升速度，奶精含有部分氢化植物油，其中的反式脂肪酸成分可促使心脏病发生，故一定要慎重选择。

燕麦片烹饪的注意事项

烹制燕麦片的一个关键就是要避免长时间高温煮，否则会造成维生素破坏。燕麦片煮的时间越长，其营养损失就越大。生燕麦片需要煮20~30分钟，熟燕麦片则只需煮5分钟。熟燕麦片与牛奶一起煮只需要3分钟，中间最好搅拌一次。

面条

面的形态百变，条的形状有长条形、宽带状、各式管状，还有薄片状。做法可用手擀，也可直接从制面机里压出面皮再切出形状。在西方，面食材料多半以面粉为底，再加入蛋。但在东南亚却是以米粉做成的面为大宗，而日本以荞麦面出名。

面条的种类

1.面条按品种可分为挂面、方便面（油炸、非油炸）、杂粮面、手排面、快熟面、蝴蝶面、手擀面、生鲜面、半干面、碱水面、乌冬面、鸡蛋面、南方手盘面、饸烙面、拉面、冷面等。

2.面条按特色可分为上海阳春面、兰州拉面、马兰拉面、北京炸酱面、河南烩面、香港牛肉面、陕西臊子面、山西刀削面、武汉热干面、新疆拉条等。

3.面条按做法可分为汤面、拌面、蒸面、炒面、捞面、焖面、烩面等。

做出劲道面条的小技巧

1.制作面条要选择面筋含量较高的面粉。面筋是指面粉筋力的强弱和蛋白质含量，面粉一般分为高筋面粉、中筋面粉和低筋面粉三种。面筋质量越高，面粉的质量就越好。

2.和面时要注意水温。一般冬天用温水，其他季节用凉水。和好的面团要保持在30℃，此时面粉中的蛋白质吸水性最好，面条弹性最大。

3.和面时适量加入少许碱或盐，能提高面筋质量。

煮面条掌握火候的技巧

煮干切面、挂面：不要用旺火，因为用旺火煮，水分不易向里渗透，煮的时间短了会出现硬心；煮的时间长了，容易发黏。若用慢火煮，或煮时加点凉水，就比较容易将面条煮透、煮好。

煮湿切面、拉面或者家里擀面的面条：应该用旺火煮，煮时加两次水就可以出锅了。

面条中午吃更健康

面条含有丰富的碳水化合物，能为人体提供足够的能量，而且在煮的过程中会吸收大量水分，一般100克面条煮熟后会变成400克左右，因此食用后能产生较强的饱腹感。此外，面条含有的B族维生素对脑细胞有刺激作用，其中的维生素B_1、维生素B_{12}参与神经细胞的生长与修复。

所以中午吃一碗营养搭配合理的面条是不错的选择。早上应该吃些蛋白质含量较高的食品，晚上吃面不利于消化吸收。

煮面条不黏糊的小窍门

煮面条时，待水开后先加少许盐（每500毫升水加盐15克），再下面条，即便煮的时间长些也不会黏糊。

煮挂面时不要用大火。因为挂面本身很干，如果用大火煮，水太热，面条表面易形成黏膜，煮成烂糊面。

煮挂面时，不应该等水沸腾了再下挂面，而应该在锅里冒小气泡时下挂面，然后搅动几下，盖好盖，等锅内水开了再适量添些凉水，等水沸了即煮熟了。这样煮面条的速度快，面条柔而汤清。相反，如果水沸了再下挂面，面条表面易黏糊，水分、热量不能很快向里渗透、传导，再加上沸水使面条上下翻滚、相互摩擦，这样煮出的面条外黏、内硬、汤糊。

做烩面的技巧

一般是用骨头汤，烧开，放好盐，调好味，再炒好配料，然后把生面散开下锅，旺火烧开，用筷子从底往上挑3~4次，再移小火烩3~5分钟，加芝麻油或者熟植物油等，分碗出锅。一定要掌握烩的时间，防止烂糊。口感滑、软、柔，汤汁浓香。烩面有很多种，除雪菜烩面外，还有肉丝、鸡丝、三鲜、虾仁等烩面。

做打卤面的技巧

打卤面是指用清汤和各种原料做好卤，浇在面条中拌和食用。如鸡蛋肉片卤，每250克面条要用鸡蛋、猪肉片、海米、木耳、黄花、味精、酱油、盐、清汤、淀粉、芝麻油等做卤。

具体做法：把肉片略炒，放入清汤、海米、木耳、黄花、酱油、盐、味精等，烧开，撇去浮沫，用淀粉勾芡，再把鸡蛋打散淋上，鸡蛋花一浮起，加点芝麻油，即成打卤汁。

馒头

判断馒头是否蒸熟的方法

1.用手轻拍馒头，有弹性即熟。

2.撕一块馒头的表皮，如能揭开皮即熟，否则未熟。

3.手指轻轻按压馒头后，凹坑很快平复为熟馒头；凹陷下去不复原的，说明还没蒸熟。

速冻馒头如何快速解冻

速冻馒头不管是用普通蒸锅，还是电蒸锅，都需要5~10分钟的时间，才能让冻得硬邦邦的馒头复原。

如果时间有限，你可以这样给馒头解冻；准备一碗白开水，把冷冻的馒头在白开水里浸一下，然后放入微波炉，高火加热2分钟就可以了，加热后的馒头就像刚买的时候一样松软。

蒸馒头好吃的技巧

1.蒸馒头时，如果面似发未发，可在面团中间挖个小坑，倒进两小杯白酒，10分钟后，面就发开了。

2.发面时如果没有酵母，可用蜂蜜代替，每500克面粉加蜂蜜15~20克。面团揉软后，盖湿布4~6小时即可发起。蜂蜜发面蒸出的馒头松软清香，入口回甜。

3.冬天室内温度低，发面需要的时间较长，如果发酵时在面里放点白糖，就可以缩短发面的时间。

4.在发酵的面团里，人们常要放入适量碱来除去酸味。检查碱量是否适中，可将面团用刀切一块，上面如有芝麻粒大小均匀的孔，则说明用碱量适宜。

5.蒸馒头时，在面粉里放一点盐水，可以促使发酵，蒸出的馒头既白又松软。

炸馒头片好吃又省油的小窍门

1.把馒头切为厚片，上锅蒸透，下油锅前把馒头片在热水中刷一下，然后再放入油锅中翻炸，至金黄色即可。这样，炸出来的馒头片不仅省油，而且酥软好吃，颜色也十分好看。

2.准备一碗凉水，把馒头片用水浸泡，立即放进油锅里炸。注意，要炸一片浸一片，不要一下子全部浸入水中，否则馒头片会泡散。

馒头碱多的美白小窍门

蒸出的馒头，如果因为碱放多了变黄，而且碱味难闻，可以在蒸过馒头的水中加入食醋100~160毫升，把已蒸过的馒头再放入锅中蒸10~15分钟，馒头即可变白，且无碱味。

蒸馒头不粘屉布的小窍门

馒头蒸熟后不要急于卸屉。先把笼屉上盖揭开，继续蒸3~5分钟。待最上面一

屉馒头很快干结后，卸屉翻扣案板上，取下屉布。这样，馒头既不粘屉布，也不粘案板。稍等1分钟再卸第二屉，如是依次卸完。

怎样做好开花馒头

开花馒头，顾名思义，就是馒头顶部需要开花，除了这一特点之外，还具有柔软、洁白、香甜、清爽等风味特色。

做这种馒头所用的酵面一定要充分发足，接近面肥的程度，加碱揉匀，接着加入白糖（这是区别酵面馒头和硬面馒头的显著标志）再揉，至面揉得十分滋润为准。在做馒头时，一般是在搓条后直接用手揪，揪下一个，揪口朝上，立刻放在屉中去蒸；有的是在搓成圆形馒头后，在顶部用刀画十字口。经过旺火足气蒸后，馒头顶部会形成美观的花形。有的为了好看，还在顶部放些青红丝。

做开花馒头的关键，一是发酵足，二是碱正，三是加糖，四是揪剂，五是需要垫干屉布，六是要用大气蒸。以上环节中任何一个环节做不好，都会影响馒头开花的效果。

饺子

做水饺皮的技巧

用小擀面杖单杖擀皮时，先把面剂用左手掌按扁，并以左手的大拇指、示指、中指3个手指捏住边沿，放在案板上，并向后边转动，右手即以面杖在按扁剂子的1/3处推轧面杖，不断地向前转动，转动时用力需要均匀，这样能够擀成中间稍厚、四边略薄的圆形面皮。

双杖擀，就是用双手按面杖擀皮的方法。所用的面杖有两根，操作时先把剂子按扁，以双手按面杖向前后擀动。擀动时两手用力需要均匀，两根面杖需要平行靠拢，勿使分开，并要注意面杖的着力点。双杖擀的效率比单杖高出一倍左右，但质量不如单杖好，主要适用烫面饺。

煮水饺不粘的小窍门

1.在和饺子面时，每500克面中加入1个鸡蛋，可使蛋白质含量增多，煮水饺时蛋白质收缩凝固，饺子皮变得结实，不易粘连。

2.水烧开后加入适量食盐，待盐溶解后再下饺子，直到煮熟，不用点水，不用翻动。

3.饺子煮熟后，先用笊篱把饺子捞起，入温开水中浸一下，再装盘，就不会粘在一起了。

三种常吃的饺子馅的做法

白菜猪肉馅

材料：白菜半颗，五花肉末500克，金针菇1把，小葱5~6棵，料酒、盐、香油、生抽、老抽各适量。

做法：将五花肉末倒入盆中，加入盐、料酒、清水、生抽、老抽，用筷子朝一个方向搅拌上劲；圆白菜切碎末，金针菇切碎，小葱切碎，放入肉中拌匀，再加香油拌匀即成馅料。

韭菜鸡蛋馅

材料：韭菜1捆，鸡蛋3个，木耳50克，盐、食用油、胡椒粉、海鲜酱油各少许。

做法：将鸡蛋打散，加盐炒熟后弄碎；木耳切碎放进鸡蛋里；韭菜切成末放进盆里，加入食用油拌匀；将炒好的鸡蛋和木耳加进韭菜里，放胡椒粉和海鲜酱油调味。

冬菇鲜肉馅

材料：鲜肉馅 300 克，冬菇丁100克，葱酥2大匙，食用油、盐、糖、白胡椒粉、五香粉各适量。

做法：将所有材料与调味料放入容器中搅拌均匀即可。

拌饺子馅不出水的窍门

防止饺子馅出水的方法：将做饺子馅的蔬菜剁好后，先放入食用油拌匀，使蔬菜被食用油包裹上，然后再放入肉馅及花椒面、味精等调料搅拌均匀，将要包饺子时再放入酱油、精盐搅拌均匀（注意：每次搅拌都要向相同的方向搅拌），这样拌出的饺子馅，蔬菜中的汁液就不会流出了，饺子馅也就不会变稀了。

煮水饺的小窍门

1.在锅中加少许盐可防止水开时外溢。

2.在水里放1棵大葱后再放饺子，饺子味道鲜美、不粘连。

包子

蒸包子的最佳时间

一般家里制作包子，包子生坯包好后就要上笼蒸了，在此要掌握好蒸包子的时间。生坯逐个放入笼屉中后，每个包子之间要留约两指宽的空隙。笼屉放入锅中，锅底加适量清水，加盖，用旺火蒸10~15分钟即熟。

使包子好吃的妙招

包子是我国的传统美食，在北方城市颇受欢迎。下面我们一起学学怎样做包子更美味。

1.用牛奶和面。用牛奶和面比用清水和面效果要好，面皮会更有弹性，而且营养更胜一筹。

2.面里加点儿油。尤其是包肉包子的时候，最好在和面时加一点儿油，这样就能避免蒸制的过程中油水浸出，让面皮部分发死，甚至整个面皮皱皱巴巴、卖相不佳。

3.面的软硬有讲究。包子的面，软硬程度可以根据馅料的不同进行调整。如果馅料比较干，皮可以和软一些；如果馅料是易出水的，那就和得略硬一些，包好后多饧发一会儿就好了。

4.面皮的厚薄要适宜。包子的皮不需要擀得特别薄，否则薄薄的一小层，面饧发得再好，也不会有宣软的口感。当然也别太厚了。

使生煎包更筋道的小窍门

1.面粉中加入适量的酵母和苏打粉，用加了融化猪油的牛奶和面。和好后揉成团，放置于温暖湿润的地方发酵至2~2.5倍大小。然后倒入少许小苏打水，揉好后再发酵至2~2.5倍大小。

2.在猪肉馅里，加香油、酱油、盐、少许白糖（白糖主要用来起鲜）。

3.葱切碎之后放在猪肉馅上，往葱花上淋上香油（即所谓的油包葱，这样会使葱的口感更香脆），再搅拌均匀。

4.包好的包子饧10~20分钟，平底锅中加少许油，烧六七成热后把包子放在平底锅里。

5.煎一两分钟后倒入面粉水（为了使包子的底部有一层酥脆的表皮），面粉水要加到包子的2/5处（太少了怕包子不熟），撒上葱花和芝麻粒。

6.盖上锅盖转小火，直到面粉水烧干，包子底成脆皮就可以出锅了。

蒸好的包子开盖后为什么会塌陷

1.面皮擀得太大，而肉馅包得又太少，所以包子里面还有很多空隙，包子自然会塌陷。

2.包子蒸好后马上开盖，包子瞬间从热到冷收缩所致。建议关火后等2分钟再开盖，这样能避免包子塌陷。

调味料

盐

盐是最了不起的防腐剂，可改变肉和蔬菜的味道及口感。用盐调味的规矩不多，只有如下讲究：永远别用碘化盐，碘化盐有刺激的化学味；市面上充斥各种不同的特殊盐，有特殊风味的盐，有产自特定的岩层或年代的盐，对于这些不常用的盐，要先试试味道再考虑使用。

很多人被警告不可吃太多盐。吃太多盐的确不好，盐的主要成分为氯化钠，过量摄入会破坏呼吸系统的免疫功能，使人容易患感冒以及其他呼吸道疾病，过多地进食含盐量高的食物容易引起高血压和心血管疾病，甚至增加肾脏的负担。大多数被我们吃下肚的盐都藏在加工食品里，但正常饮食多是自然与未加工处理的食物，除非你有高血压病或水分代谢不良，否则用盐对你应该不是问题。

选购盐的窍门

尝咸味

纯净的盐应该有正常的咸味，而含钙、镁等水溶性杂质过大时，盐的咸味会稍带苦、涩味，含有沙等杂质时会有牙碜的感觉。

看结晶

纯净的盐，结晶很整齐，坚硬光滑，干燥，水分少，不容易返卤吸潮；含杂质多的盐，结晶不规则，容易返卤吸潮。

看色泽	做实验
优质的盐应该为白色，呈透明或者半透明状；劣质盐的色泽灰暗，或者呈现黄褐色。	可将盐撒在淀粉溶液或者切开的土豆切面上，如显出蓝色，即是真碘盐。

盐的防潮小窍门

盐中含有氯化镁，能够吸收空气中的水分，使盐“返潮”，且变苦味。若把盐放到锅中炒一下，通过加热使氯化镁变为氯化氢和氧化镁，前者是气体，能随即挥发；后者是白色粉末，不溶于水，这样就防止了盐“返潮”而变苦。另外，还可以在盐中拌些淀粉，既能防潮，还能够保持盐的味道。

追求美味，可选择“天然海盐”

除了精制盐，我们还可以购买到“天然海盐”，它以充满自然风味的海水为原料，熬煮后经过日晒结晶，很多地方都可以买到。此外，还有一种叫“天然岩盐”的，是海水因地壳变动结晶于地层内的产物，其在欧美的流通量比海盐要大。海盐

能衬托出海鲜的口感，而岩盐则能让肉类的味道更香。天然盐除了含氯化钠，还含有钙、镁、钾等天然矿物质，比精制盐更能激发出食材的原味。

第一次开袋的盐，用量需谨慎

盐是一种最基本的调味料，一般情况下，料理的制作都不可能不添加盐，很多时候，由于食材本身具有独特的甜味和香味，只用盐和胡椒粉就能做出美味料理。日常食用的盐大多为“精制盐”，色泽洁白，外形美观，质地干燥，其 99% 以上的成分为氯化钠。由于产地不同，不同品牌的盐可能在咸度上有较大的差别，因此，刚开袋的盐在首次使用时，最好先少放一些，试尝之后再调整用量，以免放多。

放盐宜晚不宜早

有研究发现，炒蔬菜时早加盐会增加水分和水溶性维生素的流失量，使原本质地鲜嫩的蔬菜失去脆嫩的质感，既降低营养价值，又影响口感。同时，盐是一种氧化强化剂，烹制肉类时过早加盐，容易促进脂肪氧化，产生一些对人体有害的聚合物。从这方面考虑，快出锅的时候加盐会好一些，而且要少加。对于必须早放盐的菜，可先少加一些，待菜快好时再尝味补加。此外，盐能够使食物的结构发生紧缩，如果一开始就放盐，后面的调味料会很难发挥作用。

粘上油的玻璃杯用盐洗

使用过的玻璃杯，尤其是酒席上用过的玻璃杯，如果只用水来刷洗，不仅洗不干净，而且会使玻璃杯上的油腻扩展、模糊。此时若抓一小撮盐放在水中，用盐水来清洗，玻璃杯上的油腻很容易被洗干净，杯子会更加光亮滑爽。另外，盐可杀菌，用来洗玻璃杯，清洁又卫生。

用盐洗过的木砧板焕然一新

木砧板不宜用清洁剂清洗，因为清洁液会渗入木质内，长期如此会导致木材霉烂，用其处理食物不卫生。若用木砧板处理了油量较大的食物，可用热水不断洗刷。砧板带有鱼腥味或其他异味，则可用柠檬和醋盐一同洗刷。当砧板出现裂痕或者呈现黑点时，便要扔掉了。

巧妙用盐处理食材

盐不仅能为食物增添咸味，还具有排出食材中的水分、消除腥臭味和涩味、防止蔬菜和水果变色、延长保鲜期等功效。对于含水较多或很难入味的食材，可在烹制前根据食材的特性用盐进行腌渍。例如在烤肉时，鱼肉宜提前15~20分钟腌渍，以排出多余的水分，锁住其鲜味，并防止鱼肉加热时散开；肉类则应在快烤时再加盐，以免肉质因失水紧缩而变硬。

一拿到肉品就该用盐腌着，无须顾虑下锅时间，尽早用盐腌不但可让盐分均匀散布在肉品中，也可保持肉的新鲜，因为食物败坏多是微生物作用，而盐分正可以防止微生物生长。

用盐保存食物

肉、鱼、蔬菜和水果，几乎所有东西都可以用盐保存，但视食物质地及烹饪用途而有不同结果。猪肉是最常做成腌渍品的肉类，因为入盐之后十分美味。

食物可以用干燥的盐腌渍，培根、腌鳕鱼和腌渍鸭胸就是如此。当然也可以浸泡盐水，加拿大培根、牛腩和蔬菜则属此类。有些食物先抹干盐，让它大量出水后，盐水便形成了，腌鲑鱼和腌泡甘蓝菜就是这么做的。

即使像调味食物般只洒一小撮儿盐，也具腌渍效果。肉类可以抓点盐涂抹，然后静置腌渍。至于天然腌黄瓜，小黄瓜因为发酵作用会自然产生酸，每1升水配上50克盐，这就是腌料的完美配方。

盐在每种食物中的用量略有不同，需要注意。试味道，记住状况，然后用盐调

味，再试味道，记住状况……料理过程中要自己学会掌握盐的用量。可在小碗中放一点汤汁或高汤，然后用盐调味，之后与没有用盐调味进行对比。边做边掌握盐的用量。

盐与健康

盐对人体健康十分关键，我们因而发展出某种特殊功能，可尝到盐的存在，以管制盐的摄取。我们吃天然食物时，无论吃下的是未加工的食物，或是仅以少量添加成分做成的加工食品，盐用多用少，只是为了好吃，不会成为健康考量。而现如今，盐已成为问题的原因在于我们过度依赖加工食品，食物添加了我们无法测知的盐分，所以身体很容易负担过多。

有些人罹患高血压，需要管制盐分摄取，但一般来说，盐对人并无害。不过如果吃进大量加工食物，再合并其他健康因素，盐的摄入可能就是问题了。对身体健康、摄取正常食物的人来说，用盐只是增加风味，无须瞻前顾后。

糖

糖有很多种形式，也来自不同的原料，如来自甘蔗、甜菜根或玉米。将糖融于带酸味的水中，加热后，就变成可以淋在奶酪上的糖浆。一道菜里通常吃不出糖的味道，所以无法知道它的效用，糖的力量只有在咬得出嚼劲及尝得到苦味时，才知道效用。可以将香草豆荚放在糖里，几天后就可闻到令人感动的香气，以及可以打发鲜奶油的香草糖。

其实，多数料理的风味不过是酸、甜、苦、咸的交互作用。当甜的元素较少时，只要一小撮儿糖，就可以得到味觉所期待的和谐感。在准备咸味菜色时，糖通常是被忽略且被低估的调味料。

若你想让食物变甜，请记得，除了纯砂糖外，还有其他很多选择。要让高脂鲜奶变甜，砂糖不是唯一选择，像红糖这类复合糖会带给你更复杂的甜味口感。打发鲜奶油该如何享用呢？如果搭配柠檬蜜饯，不妨淋些上等蜂蜜以增加甜度。要想在腌料汁或腌渍物里出现一点儿糖蜜苦味以平衡咸味，砂糖永远是有效且经济实惠的好帮手，但请记住它并不是让菜肴有甜味的唯一选择。

要学会用糖，先了解成分

糖是一种常用的调味品，也是最常用的甜味剂。其一般由甘蔗或甜菜的汁液加工而成，经过精炼的白砂糖，纯度高，蔗糖含量在99%以上；而未经过精炼的红糖则含有较多的营养素及微量元素，如氨基酸、维生素A、B族维生素、维生素C、维生素K、叶酸以及铁、锰、铜等。

做不同菜肴选择不同种类的糖

糖的种类多样，由于制糖过程中去除杂质的程度不一样，造成了食糖颜色深浅的不同，因此按颜色可分为白糖、红糖和黄糖。根据颗粒大小，食糖又可分为白砂糖、绵白糖、方糖、冰糖等。其中白砂糖、绵白糖、红糖是菜肴中使用较多的。白砂糖颗粒均匀整齐、质地坚硬、无杂质，含蔗糖最多，常用于炒菜，可增加菜的风味；绵白糖与白砂糖相比，结晶颗粒细小，含水分较多，外观质地绵软、潮润，入口溶化快，适宜于直接撒、蘸食物和点心；红糖精炼程度不高，保留了较多的维生素及矿物质，常用于汤品，具有化瘀生津、暖胃健脾等多种保健功能。

先放糖后放盐，才能更美味

日常烹调中，糖和盐总是扮演着调味的主角，控制着菜肴的整体味道。糖可以让食材变软，盐的脱水作用比糖明显，会使食物收缩。因此，做菜时先放糖，让食材舒展开来，之后再放盐，咸味就能充分渗透进去，更容易入味。两者的先后顺序把握得当，会有效增添食材的风味。

“糖盐醋酱噌”顺序要记牢

若一个菜肴需要加入糖、盐、醋、酱油、味噌等多种调味料，一般情况下，建议按照糖、盐、醋、酱油、味噌的顺序依次添加。糖既能中和番茄的酸味、咖啡的苦涩，又能减轻青菜和肉类的异味；盐可满足味蕾的基本需求；食醋和酱油等液体类调味料有其独特的香味，加热易挥发，所以一般在烹饪的后期加入；最后调入的味噌，略煮一下，让其辛香附着在食物的表层便可熄火。调料具有增强食欲或供给人体热量的功效，但饮食中应当控制好用量，以免增加肾脏的负担。

糖的妙用

1.缓解菜的酸味。如烧菜时用醋，菜往往带有酸味，可在炒时加点糖，酸味就可缓解；同时，在制作酸味的菜肴汤羹，如醋熘菜肴、酸辣汤、酸菜鱼等，加入少量白糖，成品格外味美可口。

2.防腐。制作馅心使用的猪板油、丁香、桂花、玫瑰花、玉兰花等，如加入大量糖拌匀，可保持较长时间不变质。

3.缩短发面时间。发面的时候加一些白糖，可以缩短发酵时间，而且做出的面食松软可口。

4.调色剂。糖入锅，加入少量油，熬至呈酱油色时，再加入3倍水，待糖完全溶化后，即成糖色。可广泛用于酱油的着色、卤菜的调色、红烧类菜肴的调色等。

5.使食品霜化。糖入锅，加入适量清水，熬至水近干时，倒入经烘烤或油炸过的原料，离火，翻拌，冷却，成品表面会匀一层白霜。

6.剥离板栗内皮。煮板栗前，先将板栗放入糖水中浸泡一夜，煮好的板栗就容易剥除内皮。

7.保持猪油清香。炼猪油后，趁油尚未冷凝时，每500克猪油加50克糖，能使猪油保持清香和鲜味，并长时间不变质。

白糖选购有窍门

看色泽

观察白糖的色泽时，将样品在白纸上撒一薄层，然后观察。良质白糖色泽洁白明亮，有光泽；次质白糖白中略带浅黄色；劣质白糖发黄，光度暗、无光泽。

闻气味

可取白糖样品直接嗅其气味，或取少许于研砵中，研碎后嗅其气味。良质白糖具有白糖的正常气味；次质白糖有轻微的糖蜜味；劣质白糖有酸味、酒味或者其他外来气味。

观组织状态

鉴别白糖的组织状态时，应把样品在白纸上撒一薄层，先观察其晶粒形状，有无结块、吸潮和杂质，然后再配成20%的糖水溶液，观察有无沉淀和杂质。良质的白砂糖颗粒大如砂粒，晶粒均匀整齐，晶面明显，无碎末，糖质坚硬。良质的绵白糖颗粒细小而均匀，质地绵软、潮润。凡是白糖都应干燥，晶粒松散，不黏手，不结块，无肉眼可见的杂质，白糖的水溶液应该清晰透明无杂质；次质白糖晶粒大小不均匀，有破碎及粉末，潮湿，松散性差，黏手；劣质白糖吸潮结块或溶化，有杂质，糖水溶液可见沉淀。

品滋味

检查白糖的滋味，取少许样品直接品尝之后，再配成10%的糖水溶液尝试。良质白糖具有纯正的甜味，次质白糖的滋味基本正常，劣质白糖滋味不纯正或者有外来异味。

另外，选购白砂糖产品时，颜色比较白者一般质量比较好。糖粒应干燥不黏手，水分是糖品加速变质的一个主要原因。需要注意生产日期，一年以上的不选为宜。包装上各种标志需要规范、齐全。

红糖选购有窍门

红糖是没有经过洗蜜和漂白的糖，表面附着的糖蜜比较多，而且还含有色素、胶质等非糖成分。广义的红糖又可细分为赤砂糖和红糖两种，其中赤砂糖是未经洗蜜的糖，红糖是用手工制成的土糖。

因为红糖的颜色有红褐、青褐、黄褐、赤红、金黄、淡黄、枣红等多种，很不一致，故凭借色泽难以识别红糖的质量，应该把鉴别的重点放在组织状态、气味、滋味三个指标上。

组织状态鉴别

鉴别红糖的组织状态时，先把样品在白纸上撒一薄层直接观察，而后配成20%的糖水溶液进行观察。

1.良质红糖：呈晶粒状或粉末状，干燥而松散，不结块，不成团，无杂质，水溶液清晰，无沉淀，无悬浮物。

2.次质红糖：溶化流卤，有杂质，糖水溶液中可见沉淀物或者悬浮物。

滋味鉴别

检查红糖的滋味时，可取少许红糖放在口中用舌头品尝，然后再配制10%的红糖水溶液进行品尝。

1.良质红糖：口味浓甜带鲜，微有糖蜜味。

2.次质红糖：滋味比较正常。

3.劣质红糖：有焦苦味或者其他外来异味。

气味鉴别

1.良质红糖：具有甘蔗汁的清香味。

2.次质红糖：气味正常，但清香味淡。

3.劣质红糖：有酒味、酸味或者其他外来不良气味。

鉴别奶糖质量的窍门

优质的奶糖表面光滑，口感细腻，软硬适中，富有弹性，不粘牙，不粘纸，无杂质。

选购糖果的窍门

1.色泽鉴别。良质糖果的色泽鲜明均匀，有光泽，无斑点；而劣质糖果的色泽灰暗，有斑点。

2.状态鉴别。良质糖果包装完整，表面光滑洁净。硬糖应该坚硬而有脆性，软糖应该柔软而有弹性，乳脂糖、蛋白糖和巧克力糖应口感细腻。所有糖果均应该不粘牙、不粘纸。

3.气味鉴别。良质糖果具有纯净香味。

4.滋味鉴别。良质糖果甜味和顺、适中，无其他异味；而劣质糖果有焦苦味或其他不良滋味。

选购方糖的窍门

在洁净的水中，溶解速度快，溶解高度清晰，无杂质沉淀的为优质方糖。

优质方糖外观应洁白平正，富有光泽，无缺边、断角、裂纹，口味清甜，无异味。发黄发暗的方糖较差。

酱油

酱油质量巧鉴别

1.选购时，最好到大商场、大超市购买加贴“QS”（质量安全）标志的产品，并根据不同用途选购不同的专用酱油。

2.注意查看标签是否完整。①看标签上的氨基酸态氮含量，其含量不得少于0.4g/100mL。一般来说，特级、一级、二级、三级酱油的氨基酸态氮含量分别是≥0.8g/100ml、≥0.7g/100mL、≥0.55g/100mL、≥0.4g/100mL。②看标签上的酱油类型是餐桌酱油还是烹调酱油，依据用途选购。③看标签上的生产方法，认清是酿造酱油还是配制酱油。④看标明的生产工艺。⑤看生产日期，优选近期生产的产品。⑥看生产厂家，优选大型企业生产的名牌产品。

3.正常的酱油具有鲜艳的红褐色，体态澄清，无悬浮物以及沉淀。此外，摇动时会起很多泡沫，并不易散去，酱油仍澄清，无沉淀，无浮膜，比较黏稠。

酱油是不健康食品吗?

皮肤受伤后涂酱油会让伤口变黑？食用酱油会致癌？酱油不能生吃？像这样一些关于食用酱油的错误观念相信你在日常生活中都有所耳闻。很多人会觉得食用酱油不健康，并抱有排斥的心态。但酱油作为一种中国古代皇帝御用的调味品，具有三千多年的历史。其最早由鲜肉酿造而成，流传到民间后改由价格相对便宜的大豆酿制，风味依旧。现今食用的酱油用大豆、小麦、麸皮酿造，含有多种维生素和矿

物质，可降低心血管疾病的发生率，并能减少自由基对人体的损害。大豆中所含的特殊物质异黄酮，可以减缓甚至抑制恶性肿瘤的生长。

细心选购方能买到好酱油

酱油有烹调用和佐餐用之分。烹调酱油一般分为风味型和保健型两种，如老抽酱油、铁强化酱油、加碘酱油等，这几种酱油在生产、贮存、运输和销售等过程中难免会受到各种细菌的污染，因此最好还是熟吃，经加热一般都能将细菌杀死。如果想做凉拌菜，最好选择佐餐酱油，这种酱油的微生物指标比烹调酱油要求严格，直接用于拌菜，不会影响食材的口感，方便且简单。优质的酿造酱油呈红褐色或棕色，鲜艳有光泽，味道醇厚柔和，咸甜适口。如果酱油中有苦味、涩味，则属于次品，不宜选择。

使用得当，让酱油风味不减

酱油不宜在锅内高温烧煮，这样会使其鲜香流失，同时酱油中的糖分也会在高温下焦化变苦，使菜肴的颜值与营养值丢分，所以，酱油应该在出锅前加入。

选用适合自己口味的酱油，增添食欲

生抽和老抽是烹调中较常使用的两种酱油。生抽以优质黄豆和面粉为原料，经发酵后提取而成，色泽淡雅，酱香浓郁，味道鲜美；老抽是在生抽中加入焦糖，经过特别工艺制成的浓色酱油，味道稍重。随着酿制工艺的改善，酱油的种类更为多样，也为菜肴调味提供了更多的选择，如蒸鱼酱油、草菇酱油、昆布酱油、儿童酱油等。

用酱油有窍门

1.酱油应在出锅前加入，不宜在锅内高温烧煮，高温会使其失去鲜味和香味。同时，酱油中的糖分在高温下会焦化变苦，食后对身体有害。所以放酱油应该在出锅之前。

2.蘸食酱油或在调拌凉菜时，要加热后再用，因为酱油在贮存、运输、销售等环节中会受到各种细菌污染。加热方法是蒸煮，不宜煎、熬。

3.烹制绿色蔬菜应该少加或者不加酱油，如果放酱油或者放得多，会使翠绿的色泽变得暗淡、黑褐，不仅影响美观，浓重的酱油香还会掩盖蔬菜的天然美味。

醋

对于某种食材或菜肴来说，搭配提香蔬菜，要根据醋的种类而定。一道菜永远该有适当层次的酸度。无数菜肴都能调整到令人满意的美味层次，只要在最后一刻加上几滴醋。有的备料全靠醋来提味，比如油醋酱、西班牙著名的醋腌冷盘，或是法国著名的甜酸醋。

醋的种类很多，有将酒、水果、杂类等加工制作出来的醋；也有特别种类的醋，如意大利黑醋和雪利醋。醋之所以产生，是因为有醋酸菌这类特殊的细菌，它会消耗酒精产生醋酸。醋也可以从纯酒精中提炼，进而做成白醋和蒸馏白醋，这种醋没有额外的香味，也没有充满风味的成分。

白醋是一种很好用的清洁液体，可入菜，但多在质地优良的葡萄酒醋中选。醋的品质差异很大，可尝一下，比较各类的味道。当醋是某种料理的重要成分时，选择一瓶适合的醋很重要。葡萄酒醋是厨房里用得最多的醋，但有的时候适合用白酒醋，可依照味道而有不同要求。

意大利黑醋是意大利生产的醋，从特殊葡萄的未发酵果汁中提炼出来，然后放在木桶中熟成。然而它们的品质差异极大，请避免用太过廉价的。意大利黑醋，是陈年酿造的醋，越陈越香。同样，若要用到雪利醋，请选用品质优良的雪利醋。

各国醋

由于原料、工艺、饮食习惯的不同，各国醋的口味相差很大。一般而言，东方国家以谷物酿造醋，西方国家以水果和葡萄酒酿醋。醋在中国菜的烹饪中有着举足轻重的地位，常用于溜菜、凉拌菜等；西餐中常用于配制沙拉的调味酱或浸渍酸菜；日本料理中常用于制作寿司用的饭；英国的麦芽醋具有浓郁的柠檬味，多用于腌渍蔬菜，在烹饪中时常用作柠檬的替代品。

巧用醋给味蕾增加小惊喜

烹调鱼类时加入少许醋可去除鱼腥味；烧羊肉时加少量醋，可解除羊膻气；在烹调菜肴时若辣味太重可加少许醋，辣味即可减轻；少许醋还能使菜肴减少油腻，增加香味；在炖肉和烧牛肉、海带、土豆时加少许醋，可使之易熟、易烂；炒茄子的中加少许醋，能使炒出的茄子的颜色不变黑。在烹调中积累一些小技巧，会让你的菜肴色、香、味俱全。

醋除了可以用作烹调，还是洁净的好帮手

长时间使用的厨房，窗户、灯泡和玻璃器皿等都可能被蒙上一层油污，此时可将适量的食醋加热，然后将抹布蘸湿，再往需要清洗的地方擦拭即可。刚买回来的陶瓷餐具，用含4%食醋的水浸泡、煮沸，这样可去除大部分附着在餐具上的有毒物质，在很大程度上可降低对人体健康的危害。

醋质量的鉴定方法

选购醋时，应该从以下几个方面鉴别其质量：一是看颜色。食醋有红、白两种，优质红醋要求为琥珀色或者红棕色，优质白醋则无色透明。二是闻香味。优质醋具有酸味芳香，没有其他气味。三是尝味道。优质醋酸度虽高，但无刺激性，酸味柔和，稍有甜味，不涩，无其他异味。另外，优质醋应该透明澄清，浓度适当，没有悬浮物、沉淀物、霉花浮膜。从出厂算起，瓶装醋3个月内不得有霉花、浮膜等变质现象。

用醋洗过的旧铝器光亮如新

旧的铜器、铝器用醋涂一遍，干后再用清水洗，容易擦掉污垢。这是由酸和铝器上的杂质发生反应所致。

用醋并不是越多越好

烹调时用醋的确能给菜肴加分，但用醋不以量取胜，并不是越多越好。把握好醋的用量能激发食材的风味，同时不会使食材本身的天然鲜美被盖住。值得引起重视的是，食醋保健成为当下流行的时尚养生方式，生活中有不少人对醋更是难以割舍，但大量地食用醋会促进胃酸分泌，长期如此会出现胃黏膜受损、肠道内菌群紊乱、人体的酸碱失衡等，对身体健康无益。

料酒

料理中的酒类，有着诱人的魅力

由于地区的饮食差异，用于烹调料理的酒类多样，像啤酒、白酒、黄酒、葡萄酒、威士忌等，因此在广义上我们都称其为料酒。有时它们在一道菜肴中更是扮演着主角的角色，让菜肴独具特色、鲜香诱人，如啤酒鸡、啤酒鱼、白酒蛤蜊意面、

法式白酒田螺、红酒烧鸡、红酒炖牛肉、威士忌青口贝壳面、玉米威士忌等美味的料理，光听名字就让人忍不住咽口水。

自家餐桌上的中式地道口味

长期的饮食习惯和相关研究表明，用黄酒做原料，加入一些香料和调味料做成的调味酒，即市面上标注为“料酒”的酒类，在中式料理中出现的频率较高，其香醇被普遍接受，主要适用于肉、鱼、虾、蟹等荤菜的烹调。其主要功能在于增加食物的香味，去腥解腻，有利于咸味、甜味充分渗入菜肴中，富含多种人体必需的营养成分。烹调菜肴时料酒不要放得过多，以免料酒味太重而影响菜肴本身的味道。

掌握放料酒的时间

炒菜时，在食材入锅达到一定温度后倒入料酒，一方面能发挥料酒软化食材的作用，使菜肴中的肉类口感更佳；另一方面，高温能使附着在食材上的料酒中的酒精成分蒸发，只留下酒的香醇，达到提高鲜味的效果。而烹制清蒸鱼等菜肴时，则需在入锅前先在鱼的身上抹料酒，随着温度的升高，酒中的乙醇开始发挥作用，既能使腥味随乙醇挥发掉，又能使乙醇与鱼中的脂肪酸、氨基酸等发生化学反应，从而去除鱼肉的腥味。若出锅前才放料酒，受热挥发的过程就不能顺利进行。

料酒的存放要领

料酒的酒精度数低，开启后与空气接触容易招致细菌，引起变质。如果长时间放在灶台等高温环境下，变质的速度会更快，产生酸味，变得浑浊不清，香气与营养也会受到一定的影响。因此使用后要及时盖好盖子，放在阴凉通风处，最适宜的温度为15℃~25℃。

油

优质油，安心食用

随着现代制造工艺的发展与生活水平的提高，市面上可供选择的油类品种多样，如橄榄油、菜籽油、花生油、玉米油、葵花籽油、大豆油等，这些油类既是我们日常能量的重要来源，又是使料理独具风味的秘诀。日常我们可根据个人的口味以及体质选购食用油，选购时一要注意其颜色，一般来说，精炼程度越高，油的颜

色越淡；二要看其透明度，清澄透明的油，质量更佳；三要嗅其味道，取一两滴油放在手心，双手摩擦发热后，没有刺激性气味的即可。

常用植物油巧识别

食用植物油的种类很多，其中常食用的有花生油、菜籽油、大豆油、棉籽油和葵花籽油等。其大致的区别方法如下。

菜籽油

一般呈金黄色，油沫发黄、稍带绿色，花泡向阳时有彩色。具有菜籽油固有的气味，品尝时香中带辣。

花生油

一般呈淡黄色或者橙黄色，色泽清亮透明，油沫呈白色，大花泡，具有花生油固有的气味和甜味。

大豆油

一般呈黄色或棕色，油沫发白，花泡完整，豆腥味大，品尝有涩味。

葵花籽油

油质清亮，呈淡黄色或者黄色，气味芬芳，滋味纯正。

贮存好食用油

贮存食用油的器皿一般选择玻璃制品或陶制品，避免使用塑料制品或金属制品。油脂容易氧化，开封后不耐存，要尽快使用，否则发生酸败不仅会影响味道和口感，营养价值也会下降，严重的还会引起身体不适。食用油使用后要密封起来，放置在阴凉干燥的地方，避免空气进入或被阳光直射。如果买回来的油是倒入油壶中使用的，油壶摆放的放置应远离灶台、窗户边等容易发生氧化的地方。大桶的食用油开封后尽量在三个月内用完。新油和老油不要混在一起，不然老油发生酸败会影响新油的质量。

如何快速判断锅内油温

一些食谱会提到油温，此时新手们就会疑惑究竟油温怎样划分，对应温度是多少，是怎样一种状态。一般来说，以油的沸点300℃来说，一成油温为30℃，二成油温为60℃，以此类推即可。一、二成油温时，锅里的油面平静，手置于油锅的上方有微热感，该油温适用于油酥花生、油酥腰果等菜肴的烹制；三、四成油温时，油面平静，取一只筷子置于油中，周围会出现微小的气泡，无青烟，该油温适用于干熘、滑炒肉末等；五、六成油温时，筷子周围的气泡变得密集，搅动时有响声，有少量的青烟升起，该油温适用于炒、炝、炸等烹制方法；七、八成油温时，气泡会非常密

集，锅上方油烟明显，该油温适用于油炸或煎制肉类、鱼类，能使其外皮酥脆，不碎烂；九、十成油温时，油面平静，油烟密而急，有灼人的热气，该油温仅适用于爆菜。日常烹调中把油温控制得恰到好处，可使食材保持营养与美妙的口感。

香辛料

香辛料种类多样，味道、作用各不相同

香辛料可细分成五大类：一是有热感和辛辣感的香料，如辣椒、姜、胡椒、花椒等；二是有辛辣作用的香料，如大蒜、葱、洋葱等；三是有芳香性的香料，如月桂、肉桂、丁香、肉豆蔻等；四是香草类香料，如茴香、甘草、百里香等；五是带有上色作用的香料，如姜黄、红椒、藏红花等。此外还有具有代表性的混合香辛料，如咖喱粉、五香粉、辣椒粉等。熟悉品种分类，在自己动手烹调时才能恰当运用，让食材的色、香、味达到更佳的状态，进而起到提高食欲的作用，充分发挥香辛料的祛寒除湿、缓解咽喉疼痛、抗菌消炎等功效。

把香辛料放在对的地方

五香粉、花椒、胡椒、八角等香辛料的味道浓郁，在做料理时放一点儿就能够满足菜肴调味的需要，所以买回来的香辛料往往不能在一次烹调中全部用完，此时要把香辛料整理好存放，避免下次使用时四处寻找或重复购买。建议把香辛料统一

存放在冰箱的真空层，或者用可以保鲜的盒子将其整齐地存放在冰箱里，这样可以加快料理的速度，让心情更好，也能避免造成浪费。

姜是万能香料

在众多的香料中，姜的出镜率较高，在各色菜肴中使用非常广泛，不同的形状可与不同的菜色搭配。姜块、姜片适用于需长时间加热，以炖、焖、烧、煮等方式烹调的菜肴，烹饪时若要放入新鲜的姜块，可先使用刀面将其拍打裂开，这样便于姜味顺利进入菜中发挥作用，从而消除肉类及海鲜类菜肴的腥膻味；姜丝可用于凉拌菜或快炒的菜；姜末、姜汁多用于炒、炸、烹、氽等方法的菜。食用姜的优点很多，可给菜肴提鲜增香，其丰富的姜辣素有杀菌、消毒、促消化的作用。但不是所有菜肴都需要放姜来调味，也不是所有人都适合食用姜或者喜欢姜的味道。烹煮菜肴在使用姜时，要考虑具体情况，如菜色本身、品尝者的口味与体质等。

常见香辛料

罗勒：罗勒看起来是带着意大利风情的异国香草，其实在我国被广泛种植，例如在广东海丰，会用罗勒来制作擂咸茶。它的嫩叶可以拌色拉，也可以用来泡茶，味道类似于茴香，有祛风、芳香、健胃及发汗等作用。可用作比萨饼、意粉酱、香肠、汤、番茄汁、淋汁和沙拉的调料，许多意大利厨师常用罗勒来代替比萨草。罗勒也是泰式烹饪中常用的调料。干燥罗勒可以和薰衣草、薄荷、马郁兰、柠檬马鞭草共3大匙制成解压花草茶。罗勒非常适合与番茄搭配，无论是做菜、熬汤还是做酱，风味都非常独特。罗勒还可以和牛至、百里香、鼠尾草混合使用，加在热狗、香肠、调味汁或比萨酱里，味道十分醇厚。煮豆腐汤时放一点罗勒也会有不错的效果。

月桂叶：神话中常把月桂和阿波罗联系在一起，是阿波罗心爱但得不到的女子。拉丁语中月桂是赞美的意思，所以在奥运会上会给获胜者戴上月桂叶做的桂冠。其实桂树原产于我国喜马拉雅山东段，在我国西南部很多地方还有野生桂树。桂树的叶子晒干制成香叶，即月桂叶，在超市中大量销售的时候多叫香叶。而桂花也是中国人传统饮食中最甜美的香料之一。整片风干的月桂叶可以为炖菜和肉类增添特殊的香气，不过请务必在上菜前拿走。

细香葱：细香葱就是我们常说的葱、小葱、青葱，它的气味清淡，既可作为菜肴的装饰，也可起到一定的调味作用。

莳萝：莳萝又叫洋茴香，原产于印度，曾经用于助产，可见是一种会造成子宫

收缩的香草，所以孕妇要尽量远离。莳萝属于欧芹科，莳萝草是风干的、柔软且有茸毛的莳萝叶子。莳萝香气近似于香芹而更强烈一些，微有清凉味，温和而不刺激，味道辛香甘甜，适用于炖类、海鲜等佐味。莳萝种子的香味比叶子浓郁，更适合搭配鱼、虾、贝类等。

薄荷：薄荷既有新鲜的，也有风干的，可以用于蔬菜、水果类菜肴中，还可以用来泡菜。鲜柠檬片和新鲜薄荷叶一起泡在玻璃壶里，喝的时候加一点蜂蜜，是十分芬芳的下午茶，而且还能帮助增强抵抗力、预防流感。薄荷很容易种植，种一盆在厨房里，不仅方便使用，还可以净化空气，而薄荷优美的姿态也会让人心情愉悦。但有许多薄荷品种是不能食用的，购买时请注意选择，很多超市里有小袋的薄荷鲜叶，买回来以后摊晾干燥，放在保鲜盒里备用，也很方便。

欧芹：又叫香芹、荷兰芹，在饭店吃饭的时候，常会在盘子的一角看见其独特的身姿。在家庭中使用，一般用于装饰，或者可以拌在色拉里。它还有一个妙用，如果你吃了葱、姜、蒜，吃一点儿欧芹会去除口气。购买的时候要选择绿色且带有新鲜香气的欧芹，仔细清洗，甩去多余的水，用纸巾包裹欧芹，放入塑料袋冷藏，使用时再取出来。

迷迭香：尽管迷迭香不能很好地与其他香草配合，但特殊的香气却让它成为肉类、家禽腌制或烧烤的首选配料。迷迭香的名字听起来十分妖娆，但它的长相却是很低调的。古代人认为迷迭香可以增加记忆力，而现代科研人员却发现迷迭香有很强的抗氧化作用，在室内种植可以很好地净化空气。

鼠尾草：新鲜鼠尾草的香气比风干的浓重许多，但两者都可以与野味、家禽和馅料很好地配合。鼠尾草非常适合跟奶制品和油腻食物一起烹饪，有时也会加入葡萄酒、啤酒、茶和醋。鼠尾草的味道强烈，用量不宜太多，以免掩盖其他配料的味道。由于鼠尾草不耐高温，也不宜长时间烹制，所以可以在烹制过程即将结束时再加入。

百里香：百里香常用于蔬菜、肉类、家禽、鱼类、汤和奶油沙司中，为其增添风味。英国百里香是最受欢迎的一种。在中国，百里香被称为地椒、地花椒、山椒、山胡椒、麝香草等，产于西北地区，尤以宁夏南部山区较为集中，当地人在端午节之时集中采摘晾晒储存，六月炎热到来之时泡茶。元朝的《居家必用事类全集》中，记有用百里香加入驼峰、驼蹄中调味的烹饪方法。李时珍在《本草纲目》中记载："味微辛，土人以煮羊肉食，香美。"百里香原产于地中海，它的香气必须经过较长时间的烹调才会激发出来，所以在刚开始烹饪的时候就要放进去。有一种法式百里香，味道更加浓郁。

红辣椒粉：和咖喱粉一样，红辣椒粉由辛辣的香料和磨碎的红辣椒混合而成。西式的红辣椒粉是复合的，和中式的红辣椒粉不一样，后者就是磨碎的干红辣椒。

肉桂：桂树的皮，在很多超市叫作桂皮。磨碎的桂皮主要用于甜点，而整块桂皮则可用于为苹果酒和其他热饮调味（味辣）。

选购桂皮的窍门如下。

1.闻香。用手指甲抠桂皮的腹面，微有油质渗出，闻其香气，至纯；将横面折断或者用牙咬桂皮，有清香、凉味重，且带微甜的为上品。

2.辨声观形。干燥桂皮质坚实，用手折时松脆易断，声音发响，断面平整；较潮的桂皮折断时声音不响而带韧性，断面呈锯齿状。

3.看色。桂皮的皮面青灰色中透淡棕色，表面有细纹，两面或者皮里有光泽的较好。皮面色黑褐，有霉绿点，或者有灰白色斑痕的较差。

4.查长度。皮的长度一般在35厘米以上，厚薄在3~5毫米且均匀的较好；长度在10厘米以下的为次品。

孜然：孜然又叫安息茴香，我们最常遇见它是在制作牛羊肉的菜肴时，尤其是街边的烤羊肉串因为孜然而散发出诱人的香气。

咖喱粉：咖喱粉由多种香料混合而成，包括姜黄、小豆蔻、孜然芹、胡椒、丁香、肉桂、肉豆蔻，有时还有生姜。辣椒使它辛辣，磨碎的干大蒜则赋予它浓重的口味。咖喱粉是根据其不同的用途，选择不同的香料来混合的。

肉豆蔻：这种香料带有辛辣的香气，以及一种温暖的、微甜的口味，常用于调味烘焙的食物、蜜饯、布丁、肉类、沙司、蔬菜和蛋奶酒等。

藏红花：藏红花又叫番红花，明朝时即传入我国，《本草纲目》将它作为一种名贵药材进行了记载，西餐中这种芳香的香料主要用于汤和米饭中。中医认为它有活血化瘀的作用，所以孕妇要慎用。

调味品如何保存

经过加工的调味品只要未开封，在包装袋上的保质期前就是安全的。可是当包装袋打开之后，调味品还能放多久呢？下面列举一些调味品开封后的保存时间。

番茄沙司：未开封，可保存1年；开封后，放入冰箱3个月内用完。

蛋黄酱：未开封，可保存2~3个月；开封后，放入冰箱冷藏，可保存1个月。在开封后一定要放进冰箱里，千万不要把蛋黄酱放在冰箱外超过2个小时。

芥末酱：未开封，可保存2年；开封后，放入冰箱冷藏，储存不要超过3个月。

植物油（包括辣椒油、花椒油等）：未开封，可保存6个月；开封后，可保存1~3个月。打开后的油最好放在冰箱里。

辣椒酱：未开封，可保存1年；开封后，橱柜中可放1个月，冰箱里能稍长一些。

酸奶油：未开封，冰箱中可保存2周；开封后，请即刻放入冰箱冷藏且不要超过1周。

沙拉酱：未开封，可保存10~12个月；开封后，放入冰箱中冷藏，1个月内用完。

果酱：未开封，可保存1年。开封后，放入冰箱冷藏，3个月内用完。

花生酱：未开封，可保存6~9个月；开封后，放入冰箱冷藏，尽量3个月内用完。

调味品购买的注意事项

1.买酱油的时候看清楚成分很重要，真正的酿造酱油成分里只有盐、豆和小麦，还要注意大豆是不是非转基因的。如果标有谷氨酸钠的，就要注意了。

2.生抽颜色淡、味道鲜，老抽味道浓、颜色重，前者调味提鲜，后者加香上色。还有专门的寿司酱油、生鱼片酱油和宴会酱油。

3.辣酱油不是酱油，而是一种特别调制的酱汁，特别适合搭配炸猪排。这种酱汁在做菜起锅前放一点儿可以提鲜。

4.醋有米醋、果醋和白醋之分，购买时同样需要看清楚其成分。天然酿造的醋对身体有好处。

5.盐的成分有岩盐、海盐、井盐、湖盐等，天然的盐含有对身体有益的矿物质，购买时请注意看包装上的描述。

6.胡椒用现磨的比较香，有些胡椒粒的瓶子自带研磨器。

高汤

高汤风味迷人，是由蔬菜、提香料、大骨和肉以小火慢炖熬出来的汤汁，用来加在其他菜肴或料理上。高汤品质由两项因素决定：其一，食材的品质；其二，火候是否保持和缓慢炖的状态，熬煮时间是否适当，足够让每样食材释放精华却不损伤营养成分。除了传统的提味蔬菜，若有其他合适的提香蔬菜也可一起放入，例如青蒜或番茄。高汤中也会加入香料袋，里面的食材包括百里香、月桂和胡椒粒。熬汤只能用具有风味或带有甜味的食材。如果用店里买回的高汤，要避免高钠的产品，市售高汤的品质差异极大，对于成品会造成巨大影响。市售的高汤永远比不上自制高汤的品质。如果手边没有高汤，而食谱上却注明要放，这时候用水就好，要知道，水的作用可比罐头高汤要强多了。

用天然食材自制高汤，健康又省时

来自大自然的食材，有其天然的浓郁风味，味道鲜美、营养丰富，海带高汤能补充碘，柴鱼片高汤可健脾和胃。在熬制高汤时，我们不需要再为辅助材料的添加花费太多的心思，只需对材料进行前期的准备工作即可，如挑选、清洗等，这样就能节省出更多的空余时间来打理生活。

建议少使用市售高汤块

料理总能带来无限乐趣，但由于工作繁忙或者是照顾宝宝或老人等，用于料理的时间会很短。市面上销售的高汤块在一定程度上能够满足味觉上的需求，但在营养成分上却稍显不足，其添加的人造添加剂、防腐剂等，长期食用对人体健康无益。所以尽量不要因一时的便利，放弃熬制有家的味道的高汤。

泡干货的水也能当高汤

新鲜的食材作为高汤的原料的确滋味无穷，但由干货熬制的高汤同样出彩。无论是海带、鱼干等海产类干货，还是干香菇、白菜干等蔬菜类干货，经过了阳光的洗礼就被赋予了时间的味道。在干制的过程中，水分被蒸发，鲜香味反而变得浓郁，此时使用泡发干货的水，高汤就是原汁原味的了。只要干货在泡发前清洗干净，就不用担心高汤的营养或质量。

白色高汤

白色高汤通常指白酱，但有时也指天鹅绒酱，或以白酱和天鹅绒酱为底的酱汁。与褐色酱汁最大的不同在于褐色酱汁有烤过的焦糖味，而白色酱汁没有。

好的高汤来自优质食材

用于熬制高汤的优质天然食材并不多，为了满足人们对菜肴鲜美的需求，更多的食材被挖掘出来用于熬制高汤。但无论是天然的还是需要加工的食材，只有在保证其品质的前提下才能熬制出美味营养的高汤。选购时要注重食材的品质，不要因为熬制高汤的最终目的是取其汤汁，而忽略蔬菜、肉类等食材本身的质量。此外，有人担心熬制的量太多，就把买回来的食材分次熬煮，其实这样做并不好，优质的食材也受时间的限制，不要等到其风味流失才去熬制高汤。

高汤不用味精的秘密

味精的害处已经众所周知，但是因为味精类的调味品，比如味精、鸡精等能方便快速地制造出鲜汤，使一碗清水立即让人产生食欲，既方便又经济，所以不光是餐饮企业，即使是普通人家也少不了味精这一烹调利器。

在没有味精之前，鲜的这种味觉体验已经存在了。那么最原始的鲜味从何而来呢？其实新鲜就是鲜的奥秘！新鲜的蔬菜、鸡肉、猪肉、牛羊肉等，都含有氨基酸，而氨基酸正是鲜的来源。但是天然食物中的其他营养成分一起，赋予食材丰富

的口感，所以番茄有番茄的清鲜，羊肉有羊肉的嫩鲜。

味精很鲜，但是它“一鲜压百鲜”。它只能提供单一的人工合成的氨基酸，而且科学表明，食用过多味精会让人产生头痛、恶心、发热等症状，还可能导致智力降低和高血压。在食物中过量放入味精会破坏味觉，让人的口味越来越重，越来越不敏感。长时间如此，食欲也会受到破坏，进而影响健康。

如何不用味精却做出鲜美的菜肴呢？问一百年前的厨师，就能找到秘诀了。中国传统的饮食中有一位味精的前辈，它就是高汤，中国古代的厨师特别擅长熬制各种高汤，高汤就是用各种天然食材熬炼出的浓汤，将食物的营养和鲜味浓缩起来，为烹调带来纯天然的鲜美。这种鲜美，即使味精也要甘拜下风。

高汤是很多善于制作私房菜的大厨秘而不传的利器，因为熬制时间长、食材成本高，已经在餐饮企业追逐利润的征途上被渐渐淡忘，同时被遗忘的还有高汤给人的幸福味道——让家人感到幸福，高汤是你的秘密武器。

不同的汤底会有不同的鲜的味道，只要学习以下这五款高汤，就能为不同的食材提升营养和口感，像催化剂一样，帮助每一样食物呈现最好的味道。

常见高汤

鸡高汤

鸡高汤是最常见的高汤，是因为鸡并不贵，也容易获取，所以是较佳的万能汤料。不管是生的或者烤过的鸡骨、鸡肉都可作为高汤的材料，尤其烤鸡剩下的鸡骨残骸最能做出好高汤。

牛肉高汤

牛骨会产生难闻的骨头腥膻味，所以要加入大量的牛肉以达到适当的骨肉比例，这是煮牛肉高汤的关键。最好用带着许多结缔组织的肉骨熬煮，用碎牛肉也行。牛肉在熬汤之前最好先料理，除去不要的杂质，然后再加水。大骨要先氽烫，也就是先用大滚的沸水煮过，捞起过滤后再用冷水全部冲洗干净。也可用烤的，烧烤也可产生类似的“清净”效果，还会替高汤增加复杂的焦香味，这点是氽烫无法起到的作用。

蔬菜高汤

熬煮蔬菜高汤的手法，每位厨师各有不同：有些厨师喜欢加水前先将蔬菜打成泥，以求快速萃取；另一些厨师则先将蔬菜炒软出水，得精华后再做其他。没有比在家做蔬菜高汤更容易的事了——准备几种甜蔬菜，加上蘑菇，以求汤无肉却有肉味的鲜美效果，这是不会出错的汤头。但蔬菜高汤不稳定、易腐坏，所以更该掌握分量，需要多少做多少，或者赶紧放凉水冰起来。

鱼高汤

鱼高汤需用最新鲜的白肉鱼，并小心取下鱼骨。先将用来提香的蔬菜炒软出水，再加入鱼骨以慢火续炒出水，然后加酒，最后才是水。比起其他高汤，鱼高汤不可煮到大滚。整个熬煮不可超过1小时，完成即立刻过滤放凉。

褐色高汤

褐色高汤为大骨烤过熬成的高汤。褐色来自在烤箱里烤过或在锅中煎过的皮、骨和肉块，这也让汤头带有复杂的焦香风味。通常提味蔬菜在加入高汤前也会经过褐变，加深汤头的颜色，使风味更有深度。有些厨师在做完基本汤底之后，再引进烤过的元素使汤色变褐，这多来自番茄制品，但褐色高汤通常就是用烤过的大骨做的高汤。

高汤贮存有妙招

当你有闲暇的时间为餐桌增添美味与营养的高汤时，不要忘了根据自家偏爱的口味，或清淡或浓郁，选取身边的食材，这样熬制出来的高汤肯定是口感丰满，又能带来满满的幸福感。要注意的是，用买回来的食材熬制出的高汤，若不能一次用完，可以把它冷冻储存，让其风味能保留下来，这样下次使用的时候只要解冻就可以了。

细心做好以下几点，操作将会很便利。

1.用优质食材熬制的高汤，放凉后再装进可用于冷冻的器皿。

2.高汤冷冻后会略微膨胀，无论是用冷冻袋还是冷冻盒，切忌装得太满，以免撑破容器，造成浪费，又弄脏冰箱。

3.高汤冷冻后颜色都很相似，为了避免分辨不出来的情况，在放进冰箱前就要做好标记。

尽管冷冻是储存高汤的绝佳手段，但食材的美味也会随着时间的流逝而降低，所以熬制后要尽快食用，最好在每一次熬制时控制好量。

酱汁

酱汁以高汤提炼而成

制作高品质酱汁在于酱底高汤，虽然美味出众，但制作时间长，需要很多独特的技巧，所以高品质酱汁并不多见。在以高汤为底的酱汁中，以褐酱为最佳。

褐酱是以小牛高汤为底的酱汁。虽说任何肉骨经过烧烤，再配上焦香的蔬果，都可做成很美味的褐酱，但正牌的褐色酱料以小牛高汤为首。

比如，小牛高汤加上褐色油糊稠化，再加入烤到金黄的调味蔬菜以增添风味，就成了“西班牙酱汁”。若加入更多小牛高汤混合再浓缩，就可精炼成正统的半釉汁。不管是传统的酱汁之母，或者是经典半釉汁，两种褐酱都可转化为各种现做的好菜，因为它们都带着浓郁的肉香和蔬菜甜味。无论加入任何果汁或提味蔬菜，都可调制成有酱汁浓度的绝佳酱料。

只要加上一点儿西班牙酱汁，锅里加些许切碎的红葱头、芥末、新鲜香菜和蘑菇，再加上一点儿以小牛高汤为底的酱汁，烤鸡、猪排、牛排会瞬间变成惊人美味。

任何高汤都可用油糊先浓缩再加味而制成酱汁，如果用在白色高汤上，可称为“天鹅绒酱”。当酱汁浓缩时，建议捞去表面凝固的膜，面粉一定要煮化，才会有完美效果。

牛奶也可以用这种方法浓缩成酱，即是所谓的“白酱”，是一种多功能酱汁。这里的牛奶就像高汤，只要调味浓缩，就可成为各种美味奶酱的基础酱料，不管搭配意大利面、佐鱼或配蔬菜都十分适合。

加油糊也许是将酱汁收得高雅细致的最好浓缩法了。若单靠熬煮来吸汁，高汤会变得黏稠；如果用像玉米粉这类的纯淀粉勾芡，高汤的味道不但会被淀粉稀释，还会产生淀粉糊状的质感。但若把油糊加在事先煮过也已捞过浮沫的酱底中浓缩，酱汁则会呈现浓郁的风味和合适的稠度。

但用油糊浓缩酱汁的唯一问题就是——时间长。做小牛高汤要花上一整天，让高汤变成褐酱又需要半天时间。牛奶在家烹饪时白酱也是最实用的油糊浓酱。

任何高汤都可成为酱汁，只要加入食材浓缩增味即可，加入提味的蔬菜、切下的肉和骨头，或加入香草或调味料，就能完成以汤为底的上好酱汁。小牛高汤是最容易也最多用途的高汤食材，可以原味上场，也可加玉米粉和水勾芡。

不要忽略“水”是基本的高汤和酱底。水本身并没有味道或浓度，却是快速吸收滋味的好材料，所以即使没有高汤，食材起锅后加水收汁就是既快又简单的酱汁。水绝对比罐头高汤好用，比如用烤盘烤了一只鸡，酱汁可一起备好，只要烤好后加水，就是基础的高汤和酱料。做法是先把烤鸡移到砧板上，将烤盘里多余的油倒掉，但粘在盘上的鸡皮、鸡翅、脖子、鸡胗和鸡心等都留着，将烤盘高温加热，加入一杯切块的胡萝卜和洋葱，快速翻炒，再用白酒洗锅底收汁，直到盘子快干了，然后再倒水，满过蔬菜和鸡剩料，高温续煮，最后只要加一点盐和胡椒提味就可以了。只要几分钟，你就拥有一道香味四溢的肉汁，正好可配烤鸡。

若时间充裕，可把洗锅的汤汁煮到完全收干，让蔬菜里的甜分完全释放到水里，再煮成焦香渣子，然后再加水煮到收汁。把收汁的汤汁滤到小锅里，拌入一些奶油，加上一些新鲜香草或芥末增添风味，就成了精致的酱汁。

如果不加水，而改用上好的鸡汤会使酱汁更有深度、更加浓郁吗？答案毋庸置疑。可以不用高汤而迅速完成美味的酱汁吗？绝对可以，而且用水的效果比用买来的现成汤头或罐头清汤要好。

由其他母酱再制产生的酱料和以肉为底的酱汁，两者品质较不稳定，只能现用现做。若先做好放着，酱料的风味会很快变淡甚至消失，只有在上菜前完成，才能保证最佳的滋味。而剩下的酱汁在冰过后可以再利用，但需加高汤再度过滤以重新提味。

油脂大改造：乳汁酱汁

油脂是最容易做酱汁的材料，因为它开始就具备丰富浓厚的口感。浓稠度对油底酱汁格外重要，虽然芥花油不吸引人，但若拌点儿美乃滋进去，单凭浓稠度就很诱人了。油酱滋味来自酸味、提味蔬菜，还有辛香料及盐，而这使油酱充满独特性。

油酱是最早出现在菜肴中的酱料。在鸡块或牛排上放点儿奶油，要是再配上酸酸甜甜的番茄，拌点儿上好的橄榄油，那就更美味了。

奶油在酱汁的范畴里自成一类，称为"调和奶油"，是用新鲜香草、提香料加上酸性物质调和而成的加味奶油，可以直接用在食物上。奶油遇热时，固状物会从清澈油脂和褐色奶油中分离，风味转浓成坚果香，再加上香草和酸味调料，则成为美味的全能酱汁。

通过乳化的技巧，能使酱汁独一无二。所谓的乳化，就是将物质由液态转化成浓厚奶油状的过程，相对于其他类型的酱汁，乳化酱汁更美味。

乳化酱汁以两种基本油脂为基底，即油和奶油。用油乳化的酱汁有美乃滋或是美乃滋的变型；至于奶油，则会做出乳状的奶油酱，如荷兰酱。两者都用蛋黄做乳化剂，使大量油脂乳化进少量水。要做美乃滋一类的酱汁，需把油打入生蛋黄；而乳化奶油酱，所用蛋黄混合液则需先经过烹调，然后再打入奶油。

虽然乳化酱汁可依照个人口味与食用形态而变化，但油与蛋的使用比例十分固定。要做美乃滋，每一杯油需配一个蛋黄；要做奶油酱，三个蛋黄再搭配奶油。

美乃滋的做法是先将液体混合，然后加入盐，等盐融化了，再加入蛋黄，倒入油。一开始先一滴一滴加入乳化，持续迅速搅打就会形成薄的凝固的乳化液。做奶油酱汁需先调制浓缩酱汁调味，混合提香料、蔬菜、辛香料、盐和酸性物质，熬煮后过滤，在锅里或碗中加入蛋黄以高温烹煮，一边煮一边搅，直到产生泡沫状后慢慢拌入奶油，再加入新鲜香草和提味料即可完成。

乳状奶油酱和美乃滋配上各色肉类、鱼类、贝类、蔬菜、蛋，十分美味。如蒜味美乃滋，非常适合肉类、贝类和冷盘蔬菜。

还有一种无蛋的乳化奶油酱，即为加入的全奶油已经成为水、固体和油脂的乳化液。这类酱汁需先用酒将红葱头或洋葱等提香料煮到收汁，然后加入奶油搅拌。再看后续加入何种酒，加白酒是白酒奶油酱，加红酒则是红酒奶油酱，两者皆轻松简单。

也有无蛋的油底酱汁，这类乳化油醋酱多靠酸起作用。一份醋以盐和芥末调味，然后拌进三份油。因为芥末提供乳化力量，口感虽比美乃滋松散，但也可达到稳定的乳化效果。油醋酱也是乳化酱汁，可依靠搅拌器，其他做法如美乃滋。

常见酱汁

西班牙酱汁也称为褐色酱汁，堪称是最重要的母酱，最能表现衍生酱汁的风味。它的原料是褐色小牛高汤，配上焦香上色的调味蔬菜和番茄，再由褐色油糊稠化，可转换为无数现做的酱汁。它是传统半釉汁的汤底，与同等分量的褐色小牛高汤浓缩后就是半釉汁。

芥末酱

芥末酱不只是用在腌肉拼盘或肉类上的美味调味料，更是各种酱汁的万用调味料，只要是不含酸性食材及辛辣提香料的酱汁，都可搭配芥末酱。例如将烤鸡涂上芥末酱，香辣可口；湿性食材加入芥末酱后，油脂会乳化；做油醋酱或美乃滋时，可利用芥末酱加强乳化效果。芥末粉的原料是磨碎的芥末籽，非常辛辣。第戎芥末酱，是芥末粉加上酸和提香蔬菜的混合。各种酱料都不一样，调味前请先尝尝味道，使用状况也依个人喜好而定。要做基本的芥末酱，只需在芥末粉里加入水，再用盐和糖调味，饧发30分钟就好了。